"十三五"国家重点出版物出版规划项目
高分辨率对地观测前沿技术丛书
主编 王礼恒

遥感成像卫星在轨实时处理技术

陈亮 龙腾 谢宜壮 师皓 毕福昆 丁泽刚 杨柱 编著

国防工业出版社

·北京·

内 容 简 介

本书针对遥感成像卫星在轨实时处理这一新技术方向,系统全面地介绍了在轨实时处理的基本概念、研究意义、国内外发展历程及趋势;面向微波成像卫星,从在轨成像处理与在轨目标检测分类两个方面阐述了算法流程及优化设计方法;面向光学成像卫星,从在轨数据预处理、在轨压缩与质量评价、在轨目标检测分类等方面阐述了算法优化设计方法;面向在轨数据处理芯片及处理平台,重点分析了在轨合成孔径雷达(Synthetic Aperture Radar, SAR)成像处理芯片和在轨图像处理芯片设计架构及冗余加固方法,阐述了软硬件平台架构设计方法;通过典型在轨处理系统构建案例,实现了从理论方法到实践应用的转化。

本书是作者近年来在该技术领域的研究成果归纳,所介绍的很多方法已经在工程型号研制中得到应用验证。本书可供从事遥感成像卫星实时处理相关技术的研究人员、卫星总体设计人员、卫星应用相关行业人员参考使用,也可供高等院校相关专业教学和科研参考。

图书在版编目(CIP)数据

遥感成像卫星在轨实时处理技术/陈亮等编著. —
北京:国防工业出版社,2024.3
ISBN 978 - 7 - 118 - 13344 - 8

Ⅰ. ①遥… Ⅱ. ①陈… Ⅲ. ①遥感卫星 - 卫星图像 - 数据处理 - 实时处理 - 研究 Ⅳ. ①TP75

中国国家版本馆 CIP 数据核字(2024)第 097090 号

※

*国防工业出版社*出版发行
(北京市海淀区紫竹院南路23号 邮政编码100048)
雅迪云印(天津)科技有限公司印刷
新华书店经售

*

开本 710×1000 1/16 插页 4 印张 15 字数 262 千字
2024 年 3 月第 1 版第 1 次印刷 印数 1—2000 册 定价 128.00 元

(本书如有印装错误,我社负责调换)

国防书店:(010)88540777	书店传真:(010)88540776
发行业务:(010)88540717	发行传真:(010)88540762

丛书学术委员会

主　　任	王礼恒
副 主 任	李德仁　艾长春　吴炜琦　樊士伟
执行主任	彭守诚　顾逸东　吴一戎　江碧涛　胡　莘
委　　员	（按姓氏拼音排序）

白鹤峰　曹喜滨　陈小前　崔卫平　丁赤飚　段宝岩
樊邦奎　房建成　付　琨　龚惠兴　龚健雅　姜景山
姜卫星　李春升　陆伟宁　罗　俊　宁　辉　宋君强
孙　聪　唐长红　王家骐　王家耀　王任享　王晓军
文江平　吴曼青　相里斌　徐福祥　尤　政　于登云
岳　涛　曾　澜　张　军　赵　斐　周　彬　周志鑫

丛书编审委员会

主　　编　王礼恒

副 主 编　冉承其　吴一戎　顾逸东　龚健雅　艾长春
　　　　　　彭守诚　江碧涛　胡　莘

委　　员（按姓氏拼音排序）
　　　　　　白鹤峰　曹喜滨　邓　泳　丁赤飚　丁亚林　樊邦奎
　　　　　　樊士伟　方　勇　房建成　付　琨　苟玉君　韩　喻
　　　　　　贺仁杰　胡学成　贾　鹏　江碧涛　姜鲁华　李春升
　　　　　　李道京　李劲东　李　林　林幼权　刘　高　刘　华
　　　　　　龙　腾　鲁加国　陆伟宁　邵晓巍　宋笔锋　王光远
　　　　　　王慧林　王跃明　文江平　巫震宇　许西安　颜　军
　　　　　　杨洪涛　杨宇明　原民辉　曾　澜　张庆君　张　伟
　　　　　　张寅生　赵　斐　赵海涛　赵　键　郑　浩

秘　　书　潘　洁　张　萌　王京涛　田秀岩

序 言

高分辨率对地观测系统工程是《国家中长期科学和技术发展规划纲要(2006—2020年)》部署的16个重大专项之一,它具有创新引领并形成工程能力的特征,2010年5月开始实施。高分辨率对地观测系统工程实施十年来,成绩斐然,我国已形成全天时、全天候、全球覆盖的对地观测能力,对于引领空间信息与应用技术发展,提升自主创新能力,强化行业应用效能,服务国民经济建设和社会发展,保障国家安全具有重要战略意义。

在高分辨率对地观测系统工程全面建成之际,高分辨率对地观测工程管理办公室、中国科学院高分重大专项管理办公室和国防工业出版社联合组织了《高分辨率对地观测前沿技术》丛书的编著出版工作。丛书见证了我国高分辨率对地观测系统建设发展的光辉历程,极大丰富并促进了我国该领域知识的积累与传承,必将有力推动高分辨率对地观测技术的创新发展。

丛书具有3个特点。一是系统性。丛书整体架构分为系统平台、数据获取、信息处理、运行管控及专项技术5大部分,各分册既体现整体性又各有侧重,有助于从各专业方向上准确理解高分辨率对地观测领域相关的理论方法和工程技术,同时又相互衔接,形成完整体系,有助于提高读者对高分辨率对地观测系统的认识,拓展读者的学术视野。二是创新性。丛书涉及国内外高分辨率对地观测领域基础研究、关键技术攻关和工程研制的全新成果及宝贵经验,吸纳了近年来该领域数百项国内外专利、上千篇学术论文成果,对后续理论研究、科研攻关和技术创新具有指导意义。三是实践性。丛书是在已有专项建设实践成果基础上的创新总结,分册作者均有主持或参与高分专项及其他相关国家重大科技项目的经历,科研功底深厚,实践经验丰富。

丛书5大部分具体内容如下:**系统平台部分**主要介绍了快响卫星、分布式卫星编队与组网、敏捷卫星、高轨微波成像系统、平流层飞艇等新型对地观测平台和系统的工作原理与设计方法,同时从系统总体角度阐述和归纳了我国卫星遥感的现状及其在 6 大典型领域的应用模式和方法。**数据获取部分**主要介绍了新型的星载/机载合成孔径雷达、面阵/线阵测绘相机、低照度可见光相机、成像光谱仪、合成孔径激光成像雷达等载荷的技术体系及发展方向。**信息处理部分**主要介绍了光学、微波等多源遥感数据处理、信息提取等方面的新技术以及地理空间大数据处理、分析与应用的体系架构和应用案例。**运行管控部分**主要介绍了系统需求统筹分析、星地任务协同、接收测控等运控技术及卫星智能化任务规划,并对异构多星多任务综合规划等前沿技术进行了深入探讨和展望。**专项技术部分**主要介绍了平流层飞艇所涉及的能源、囊体结构及材料、推进系统以及位置姿态测量系统等技术,高分辨率光学遥感卫星微振动抑制技术、高分辨率 SAR 有源阵列天线等技术。

丛书的出版作为建党 100 周年的一项献礼工程,凝聚了每一位科研和管理工作者的辛勤付出和劳动,见证了十年来专项建设的每一次进展、技术上的每一次突破、应用上的每一次创新。丛书涉及 30 余个单位,100 多位参编人员,自始至终得到了军委机关、国家部委的关怀和支持。在这里,谨向所有关心和支持丛书出版的领导、专家、作者及相关单位表示衷心的感谢!

高分十年,逐梦十载,在全球变化监测、自然资源调查、生态环境保护、智慧城市建设、灾害应急响应、国防安全建设等方面硕果累累。我相信,随着高分辨率对地观测技术的不断进步,以及与其他学科的交叉融合发展,必将涌现出更广阔的应用前景。高分辨率对地观测系统工程将极大地改变人们的生活,为我们创造更加美好的未来!

王礼恒

2021 年 3 月

前 言

传统遥感卫星任务链主要由地面任务规划、遥感数据星上存储、星地数传、地面统一接收/处理/分发等环节组成,存在信息获取时效性不足、任务不聚焦、星地数据传输压力大、卫星系统利用率低等问题,难以满足减灾、环境监测、突发事件响应等高效应用要求。

遥感成像卫星在轨实时处理技术是解决上述问题的有效途径,是在轨完成多种遥感数据的预处理、信息提取与分析等处理的技术。通过在轨处理,可将有效的少量数据快速传输给最终用户,使遥感信息获取延迟从当前小时级缩短到分钟级,可满足传统航天信息获取模式下无法实现的众多关系国计民生的应用需求,包括洪涝灾害的快速发现和灾情信息的迅速获取、水域环境污染的高效全面监控、海上溢油的检测与预警、远洋船只的搜索与定位救援等,从而大大提升我国遥感卫星在减灾、环保、海洋、交通多个行业的应用效能。

国外对遥感成像卫星在轨实时处理技术的应用已超过15年。欧美等国家和地区针对不同应用需求,基于多种技术手段构建了多个在轨处理系统,实现了在轨的数据压缩、分类、目标检测、变化检测等在轨处理。国内航天遥感数据在轨处理研究起步相对较晚,目前主要还处在预先研究和关键技术攻关阶段,仅在某一特定应用领域实现了在轨实时处理。

航天遥感在轨实时处理面临处理量大、实时性强、算法复杂,体积、重量、功耗严格约束,空间环境苛刻等严峻挑战,需要解决多种不同载荷数据的实时处理方法、在轨高效/高可靠/通用软硬件平台、在轨抗辐照/高性能/低功耗核心处理器、在轨处理应用模式等关键问题。可见,航天遥感在轨实时处理是一个跨学科、多领域知识融合的研究领域,需进行体系化深入研究。

本书是作者单位2000年以来开展遥感成像卫星在轨实时处理技术研究工作的总结,系统阐述了航天遥感在轨实时处理方法、处理平台、处理芯片、系统架构等方面的关键技术、解决方法和设计经验等。本书共分为6章。第1章介绍航天遥感在轨实时处理基本概念、必要性、发展与现状等内容；第 2 章阐述了 SAR 航天遥感在轨处理方法，包括 SAR 成像处理、几何校正等预处理以及基于 SAR 图像的目标检测等；第 3 章阐述了光学航天遥感在轨处理方法，包括可见光遥感数据在轨辐射/几何校正等预处理、在轨压缩与质量评价、目标检测，以及红外、多光谱等其他数据的部分典型处理方法；第 4 章阐述了在轨抗辐照遥感数据处理芯片技术，包括可采用的技术途径、芯片架构、关键处理引擎、抗辐照设计、测试与验证等；第 5 章介绍了在轨遥感数据实时处理平台设计的关键问题及解决方法，包括在轨遥感数据实时处理标准化、可扩展、可重构的软硬件平台设计，以及系统空间环境防护等方面，并论述了如何构建在轨遥感数据处理系统，介绍了作者单位目前已经完成的在轨处理典型系统；第 6 章对遥感成像卫星在轨实时处理技术进行了总结与发展展望。

  本书由龙腾教授策划和全书统稿，参加本书编写的有北京理工大学雷达技术研究院陈亮研究员及其同事。其中，第 1 章由陈亮研究员、谢宜壮讲师编写，第 2 章由丁泽刚研究员编写，第 3 章由毕福昆教授编写，第 4 章由谢宜壮讲师、杨柱高工编写，第 5 章由师皓研究员、徐明博士编写，第 6 章由陈亮研究员编写。在本书编写过程中，作者得到了国防工业出版社王京涛主任和田秀岩编辑的大力支持和帮助。

  由于编写时间仓促，加之作者水平有限，本书难免存在不足之处，恳请读者批评指正。

作者

2023 年 9 月

目 录

第1章 遥感成像卫星在轨实时处理概述 ……………………………………… 1

1.1 基本概念 …………………………………………………………………… 1
  1.1.1 遥感成像卫星概述 …………………………………………………… 1
  1.1.2 遥感成像卫星在轨实时处理内涵 …………………………………… 2
1.2 在轨实时处理必要性和意义 ………………………………………………… 4
1.3 国外发展与现状 …………………………………………………………… 5
1.4 国内发展与现状 …………………………………………………………… 15
1.5 在轨实时处理约束条件及技术体系概述 …………………………………… 16
  1.5.1 在轨处理约束条件分析 ……………………………………………… 16
  1.5.2 在轨实时处理技术体系 ……………………………………………… 18
1.6 本书后继章节介绍 ………………………………………………………… 21
参考文献 ………………………………………………………………………… 21

第2章 微波成像卫星在轨处理方法 ……………………………………………… 24

2.1 概述 ………………………………………………………………………… 24
2.2 星载 SAR 在轨成像处理 …………………………………………………… 28
  2.2.1 一体化成像处理方法概述 …………………………………………… 28
  2.2.2 SAR 一体化成像处理主体算法 ……………………………………… 30
  2.2.3 SAR 数据实时预处理及后处理方法 ………………………………… 30
  2.2.4 二维聚焦深度和优化字长运算的 SAR 成像处理方法 …………… 35
2.3 星载 SAR 在轨目标检测分类 ……………………………………………… 37
  2.3.1 基于 SAR 图像的在轨感兴趣区域目标检测 ……………………… 37

2.3.2　基于SAR图像的小目标检测分类 ·················· 47
　2.4　小结 ··· 59
　参考文献 ·· 59

第3章　光学成像卫星在轨处理方法 ······························ 61
　3.1　概述 ··· 61
　3.2　全色遥感数据在轨预处理 ································· 62
　　　3.2.1　相机成像自主调节 ································· 62
　　　3.2.2　云判处理 ··· 67
　　　3.2.3　海陆分割 ··· 70
　3.3　全色遥感数据在轨压缩与质量评价 ····················· 73
　　　3.3.1　在轨智能压缩方法 ································· 73
　　　3.3.2　基于结构与细节分离的图像压缩质量评价 ····· 81
　3.4　全色遥感数据在轨目标检测分类 ························ 85
　　　3.4.1　远洋海面船只目标检测分类 ······················ 86
　　　3.4.2　机场飞机目标检测分类 ··························· 92
　3.5　其他光学遥感数据在轨处理 ···························· 108
　　　3.5.1　多/高光谱遥感目标在轨检测 ··················· 108
　　　3.5.2　红外遥感在轨目标检测 ·························· 116
　3.6　小结 ··· 123
　参考文献 ·· 123

第4章　在轨遥感数据处理芯片设计 ···························· 127
　4.1　概述 ··· 127
　　　4.1.1　在轨处理器特点和选型分析 ···················· 127
　　　4.1.2　在轨处理器抗辐照技术分析 ···················· 129
　4.2　在轨SAR实时成像处理芯片设计 ····················· 130
　　　4.2.1　SAR成像处理芯片架构 ························· 130
　　　4.2.2　组件设计 ·· 133
　　　4.2.3　SAR成像处理芯片流片及验证 ················ 143
　　　4.2.4　SAR成像处理芯片测试结果 ··················· 144

4.3 在轨光学遥感图像处理芯片设计 ·············· 145
 4.3.1 光学遥感图像处理芯片架构 ·············· 146
 4.3.2 组件设计 ·············· 147
 4.3.3 光学遥感图像处理芯片流片及验证 ·············· 152
 4.3.4 光学遥感图像处理芯片测试结果 ·············· 152
4.4 在轨遥感数据处理芯片部分冗余加固设计技术 ·············· 154
 4.4.1 双逻辑锥及故障传输模型分析 ·············· 154
 4.4.2 基于PageRank算法的部分冗余加固方法 ·············· 159
 4.4.3 实验及结果分析 ·············· 168
4.5 小结 ·············· 170
参考文献 ·············· 171

第5章 遥感成像卫星在轨实时处理平台架构及系统构建 ·············· 173

5.1 概述 ·············· 173
5.2 在轨实时处理平台需求分析 ·············· 174
 5.2.1 在轨处理需求分析方法 ·············· 174
 5.2.2 在轨SAR成像处理需求定量化分析 ·············· 175
 5.2.3 在轨目标检测处理所需资源分析 ·············· 178
 5.2.4 小结 ·············· 179
5.3 在轨通用化可扩展可重构硬件架构 ·············· 180
 5.3.1 现有硬件平台架构标准 ·············· 180
 5.3.2 在轨通用化、可扩展、可重构架构设计 ·············· 188
 5.3.3 处理节点设计 ·············· 192
5.4 在轨实时处理层次化软件平台架构 ·············· 200
 5.4.1 在轨软件平台设计需求分析 ·············· 200
 5.4.2 在轨层次化、开放式DSP软件平台架构 ·············· 201
 5.4.3 基于存储映射的FPGA软件架构 ·············· 204
5.5 在轨实时处理系统空间环境防护设计 ·············· 205
 5.5.1 系统层容错和故障恢复方法 ·············· 206
 5.5.2 模块层容错和故障恢复方法 ·············· 207
 5.5.3 逻辑层容错和故障恢复方法 ·············· 211

5.6 在轨实时处理系统构建 …………………………………… 213
　　5.6.1 在轨实时处理系统设计方法 …………………… 213
　　5.6.2 典型在轨实时处理系统示例 …………………… 215
5.7 小结 ……………………………………………………… 221
参考文献 ……………………………………………………… 222

第6章 总结与展望 …………………………………… 224

第1章
遥感成像卫星在轨实时处理概述

1.1 基本概念

1.1.1 遥感成像卫星概述

遥感卫星利用卫星平台搭载光学相机、雷达等多种有效载荷,获取地球陆地、海洋和大气的特征信息,形成图像、电磁信息、光谱信息等遥感产品[1],具有可全球覆盖、高分辨、观测幅宽大等优势。根据载荷特性不同,遥感卫星主要可分为成像和非成像两大类,其中成像类遥感卫星的载荷主要包括可见光、红外、多光谱、合成孔径雷达成像等,可形成直观的图像产品。

目前,世界各国已经建立了面向各种应用的多个遥感成像卫星探测系统,基本构成了对陆地、海洋、大气等各个层面的全天时、全天候、立体化观测体系,在维护国家安全、灾害防治、资源整合等方面发挥着越来越重要的作用[2]。国际上领先的遥感成像卫星空间分辨率达到亚米级,且具有多种成像模式,其中光学、微波分辨率达 0.1m,光谱分辨率达到纳米级[3]。其中:美国"锁眼"(Key Hole,KH)系列军用卫星空间分辨率 0.1m,红外分辨率 1m;法国"太阳神"卫星可见光分辨率 0.25m,红外分辨率 2.5m;美国民用商业卫星 WorldView-3 拥有超过 10 个探测波段,全色分辨率 0.31m,多光谱分辨率 1.24m,短波红外分辨率 3.72m。我国在轨光学卫星最高分辨率(全色)已经达到 0.5m,SAR 卫星最高分辨率已经达到 1m,包括 L、C、X、S 多种波段。当前世界各国代表性的在轨遥感卫星参数如表 1-1 所列。

表 1-1 世界各国代表性的在轨遥感卫星参数[3]

国家	卫星	类型	分辨率/m	轨道/km	发射年份	备注
美国	WorldView-4	光学	全色 0.31,多光谱 1.24	601×618	2016	军民两用
美国	KH-12	光学	可见光 0.1,红外 1	258×1013	2013	军用
美国	FIA-5	SAR	0.3	1048×1057	2018	军用
美国	GeoEye-1	光学	全色 0.41,多光谱 1.64	681	2008	军民两用
中国	高分多模卫星	光学	0.42	643.8	2020	民用
中国	高分三号(GF-3)	SAR	1~500	755	2016	民用
俄罗斯	Pesurs-P2	光学	全色 1.0,多光谱 3.0~4.0,高光谱 30	475	2014	军用
法国	Pleiades-1	光学	全色 0.5,多光谱 2.0	686×703	2012	军民两用
法国	CSO-1	光学	全色 0.35,红外 2.0	800×800	2018	军用
德国	TanDEM-X	SAR	0.25~40	514	2010	军用
以色列	OFEQ-11	光学	全色 0.5,多光谱 3.5	382×491	2016	军用
以色列	OFEQ-10	SAR	0.46	513×521	2014	军用
韩国	KOMPSAT-3A	光学	全色 0.4,多光谱 1.6	685.1	2012	军用

1.1.2 遥感成像卫星在轨实时处理内涵

高分辨率、宽覆盖、多谱段是遥感对地观测发展的主要方向,其显著特点是获取的数据量呈几何级数增长,保守估计数据获取量将增长至百太字节级/天,这给遥感卫星数据的获取、处理、存储、传输和信息提取都带来了严峻的挑战。

传统的遥感成像数据获取和处理模式主要采用星上数据获取、星地数传、地面站接收、处理中心处理、产品分发的数据链,如图 1-1 所示,其特点是以卫星图像产品为核心进行数据加工处理、分发和应用。然而高分辨率宽幅卫星单景产品数据量大,按照产品进行处理和应用延迟大,达小时级,难以满足对时效性有要求的用户任务需求。特别是针对某些特殊的遥感应用领域(如大型灾害应急救援、机动目标检测等),对卫星数据处理时效性有着严格要求,整个目标区域的数据处理任务限定在分钟级完成,且要求处理结果能为后续工作部署等任务提供可靠支撑。近年来,我国自然灾害和领土争端等事件频发,如汶川、盈江和鲁甸地震,南海和钓鱼岛争端等,使得国家对遥感卫星数据获取的时效性越来越重视。因此,如何有效地利用各类新的高性能处理手段,解决上述存在的问题,实现对海量卫星遥感数据的高时效处理已成为一个亟需解决的关键问题。

遥感成像卫星在轨实时处理是解决这一问题的主要途径。在轨实时处理是指原始数据在星上实时完成感兴趣区域提取、区域数据 0~2 级产品处理、目标检测/识别/定位、变化检测、智能压缩等处理,形成小数据量的有效数据信息,再通过广播分发等快速星地链路下传给地面站或直接传给最终用户,如图 1-2 所示,从而大幅提升遥感成像卫星系统的响应效能。

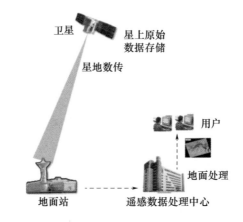

图 1-1 传统遥感成像卫星主要数据获取链路

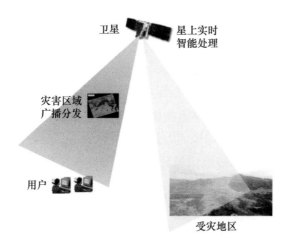

图 1-2 基于在轨实时处理技术的主要数据获取链路(见彩图)

1.2 在轨实时处理必要性和意义

通过遥感数据在轨实时处理技术的应用,可实现传统卫星难以满足的多种应用需求,其作用和意义具体体现在以下6个方面。

(1) 大幅提高天基对地观测的时效性。

传统卫星任务链包括星上数据下传、地面站接收、向处理中心传输、数据产品处理和分发等多个环节,有效信息到最终用户的延迟一般是小时级。通过遥感数据在轨实时处理技术,处理结果数据量大幅减少,可直接分发到最终用户,整个信息获取延迟可压减到分钟级,从而可有效支持减灾救灾、突发事件响应、国家安全等高时效应用。

(2) 解决卫星数传(数据传输简称)瓶颈。

当前卫星下传带宽已不能满足数据实时下传的要求,例如:某亚米级分辨率光学卫星载荷输出速率达到6.8Gb/s,而数传带宽为900Mb/s,数据压缩后仍难以实时下传。通过在轨智能压缩、感兴趣目标提取处理,可以有效降低数据率。例如:通过基于云判处理的可变压缩比处理后,卫星数据率可以降低50%左右;通过在轨海上目标检测识别,下传目标切片图像数据率可以降低到1‰~1%。

(3) 提高卫星载荷利用率。

通过在轨实时处理,可以实现有效信息的快速提取,从而解决受星上存储资源、星地数传资源制约的载荷利用率问题。例如,受星上存储资源的制约,传统光学遥感卫星系统仅可工作几十分钟就必须进行数据下传,如果此时没有合适的星地传输弧段,则卫星载荷不能再工作。如果对原始数据进行在轨实时目标检测,只传输存储的目标切片数据,则系统可连续工作几百分钟(能源满足的前提下),不再受星上存储资源约束。

(4) 提升图像质量。

由于星地数传能力约束,星上图像往往要进行无损压缩。通过在轨相对辐射校正处理,可以改善下传图像的质量。经评估,经过相对辐射校正后,再进行有损压缩,恢复后图像的峰值信噪比指标比不进行校正直接压缩平均可提高4~5dB。

(5) 天基载荷、平台智能控制。

通过在轨实时处理,可以提升载荷、平台的整体智能化水平。例如,针对载荷,可以通过图像质量在轨评估,反馈控制相机参数调整,从而得到最合适的相机参数成像,保证成像的质量;针对系统平台,可以利用前期自主云判信息,在轨实现避云拍摄,从而避免出现大量的无效数据。

(6)特殊平台特殊应用。

针对不同卫星平台的特点,通过遥感数据在轨实时处理技术,可发挥其最大优势。例如,针对敏捷卫星平台,通过星上实时处理,可以控制多点拍摄或关键目标多次连续拍摄,从而获得更多的有效图像数据;针对静止轨道卫星,通过在轨实时变化检测处理,可以大大减少数据量。

总之,遥感数据在轨实时处理技术可以在提高信息获取时效性、解决数传瓶颈、提高载荷利用率、提升图像质量、支撑载荷/平台智能控制以及满足特殊平台特殊应用等方面发挥重要作用,是我国遥感领域应重点发展的新技术之一。

目前,在轨实时处理已从探索和原型验证阶段逐渐转向实际应用阶段,已逐渐可以胜任多模式、大数据量处理的需求,成为提高信息获取时效性、解决星地数传瓶颈、提升信息利用率等方面的重要手段,以满足应急减灾、环境监测、国家安全等高时效空间快速响应需求。

1.3 国外发展与现状

国外对遥感数据在轨实时处理技术的研究已超过 20 年,具体发展情况如下。

1)1995 年首次提出

1995 年,NASA 在一篇针对星载合成孔径雷达发展的文章中首次提出,在轨处理是未来发展的关键技术之一。其意义主要是减少下传的数据量以及地面处理。其发展规划是:2000 年采用专用集成电路(Application Specific Integrated Circuit, ASIC)、现场可编程门阵列(Field Programmable Gate Array, FPGA)、多芯片模块(Multi-Chip Module, MCM)减小数字系统体积、重量、功耗,2010 年实现星上片上系统(System on Chip, SoC),处理器要求体积小、重量轻、功耗低,具有合理的体系结构,吞吐率大于 4GFlops[6]。

2)2000 年到 2015 年逐步装备

2000 年到 2015 年,美欧等国家和地区逐步在光学卫星上装备在轨实时处理系统,并持续开展 SAR 卫星在轨处理的预研工作。

针对光学卫星,美欧等国家针对不同应用需求,基于数字信号处理器(Digital Signal Processor,DSP)、FPGA、ASIC、SoC 等多种技术手段构建了多个在轨数据处理系统,实现了星上的数据压缩、分类、特征检测、变化检测等处理算法。在光学卫星已经实现的多个星上光学遥感实时处理应用动态[7,10],如表 1-2 所列。

表 1-2 国外星上光学遥感实时处理应用动态

卫星/国家和地区	空间分辨率	在轨处理	发射年份	技术途径
EO-1/美国	30m	突发事件检测,特征检测,变化检测和异常检测	2000	Mongoose V 处理器
BIRD/德国	370m(HSRS),185m(WAOSS-B)	多种类型遥感影像预处理、星上实时多光谱分类	2001	TMS320C40 浮点 DSP、FPGA 和 NI1000 网络协处理器
FedSat/澳大利亚	12m	数据压缩	2002	FPGA
NEMO/美国	60m(COIS),5m(PIC)	高光谱自适应压缩	2003	SHARC DSP
MRO/美国	—	多传感器信息综合分析自主任务规划	2005	RAD750
X-SAT/新加坡	12m	无效数据自动剔除	2006	Virtex FPGA,StrongARM
TacSat-2/美国	—	异常检测、图像压缩	2006	Virtex 2V 3000
PROBA-2/欧洲		图像分析和压缩,自主任务规划	2009	LEON2-FT
TacSat-3/美国	4m(高光谱)	目标识别、几何定位	2009	
Pleiades-1/2/法国	0.5m(PAN),2m(MS)	辐射校正、几何校正、图像压缩	2011/2012	以 FPGA 为核心的 MVP 模块化处理器
SpaceCube 系列/美国		SpaceCubeV1.0、V2.0 已应用于国际空间站	2006—2013	FPGA

2000 年,美国发射多光谱成像卫星 EO-1,星上处理器采用两片 Mongoose V R3000 抗辐照芯片,可以在轨完成感兴趣区域自动识别、区域变化检测、云判及无效数据剔除。图 1-3(a)所示为 EO-1 卫星在轨处理应用模式。

2001 年,德国发射的 BIRD 卫星,综合可见光、中波红外和热红外 3 个波段图像,星上处理器采用 TMS320C40 浮点 DSP、Actel 抗辐照 FPGA 和 NI1000 协处理器,可以在星上完成"热点检测",如植被火灾、火山活动、油井燃烧等。图 1-3(b)所示为 BIRD 卫星在轨处理应用模式。

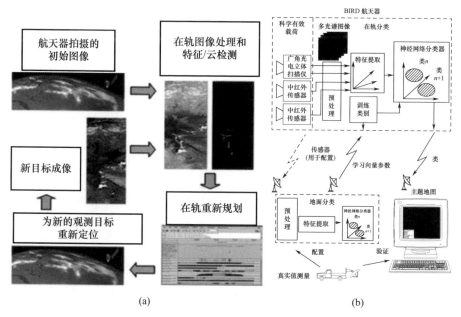

图 1-3　EO-1 和 BIRD 卫星在轨处理应用模式
(a) EO-1 卫星在轨处理应用模式；(b) BIRD 卫星在轨处理应用模式。

2003 年,美国海军发射地球绘图观测者卫星 NEMO,采用光学实时自适应信号识别系统 ORASIS,可以对星上超光谱数据进行实时分析以及特征提取,并将观测结果实时下传。ORASIS 的星上高速图像并行处理器阵列是由 32 个超级哈佛架构(Super Harvard ARChitecture, SHARC) DSP 构成的,其峰值运算能力达 3.8GFlops,并以 160Mb/s 的持续数据率接收数据,各个独立的 SHARC DSP 间的通信带宽为 320Mb/s。ORASIS 可以绕过由单粒子翻转或闪锁所引发的错误,减少了成像期间数据的丢失[8]。

2011 年 12 月和 2012 年 12 月,法国发射最新一代高分辨光学卫星 Pleiades-1A 和 Pleiades-1B[9],其星下点全色分辨率为 0.7m,多光谱分辨率为 2.8m。卫星上采用以 FPGA 为核心的模块化通用处理器(Modular Versatile Processor, MVP)实现星上处理,包括辐射校正、图像压缩等功能。图 1-4 所示为法国 Pleiades-HR 星上处理系统示意图。

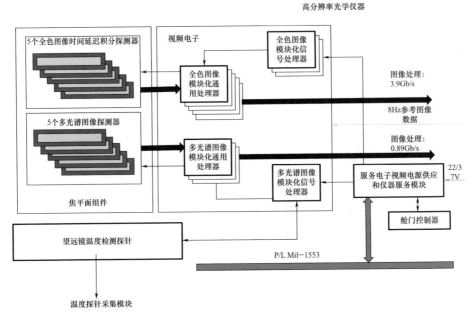

图 1-4 法国 Pleiades-HR 星上处理系统示意图

2000 年开始,美国在"快速响应空间计划"实施过程中提出"战术卫星"(TacSat)的概念,其基本理念是构建低成本且具备快速反应能力的空间平台,使得卫星的使用范围由军师级扩展到战区各级指挥员。2006 年,多光谱成像卫星 TacSat-2 发射,其星上处理器由 5 片 Xilinx FPGA XQR2V3000 构成,可以在轨完成异常检测和图像压缩等功能[10]。2009 年高光谱成像卫星 TacSat-3 发射,该卫星是全球第一个能在 10min 内为战场指挥官提供侦查信息的卫星,能快速提供目标检测与识别数据、战备及战场毁伤评估信息。TacSat-3 卫星在轨处理器设计由 SEAKR 公司设计,包括可重配置计算机 RA-RCC4™和单板计算机 G4-SBC,其中 RA-RCC4™主要芯片为 1 片 Actel RTAX2000 和 3 片 Xilinx V4 LX160。图 1-5 和图 1-6 分别为 TacSat-3 卫星在轨处理器结构和战术应用示意图。

2006 年,美国 NASA 戈达德太空飞行中心(Goddard Space Flight Center,GSFC)开始开展 SpaceCube 项目的研发工作。SpaceCube 项目的研究目标是在降低相对功耗和成本的同时,大幅提高星载计算能力。到目前为止,不同版本的 SpaceCube 已经成功实现多项在轨应用,包括 HST-SM4、SMART、MISSE-7/8、STP-H4/H5、RRM3,以及最近的 STP-H6/CIB 和 NavCube。2006 年到 2009 年

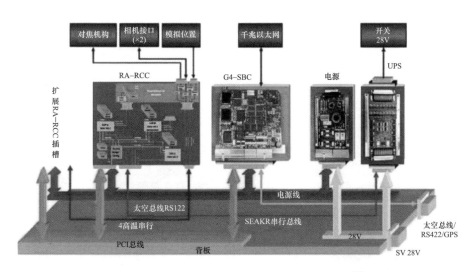

图 1-5　TacSat-3 卫星在轨处理器结构及组成[4]

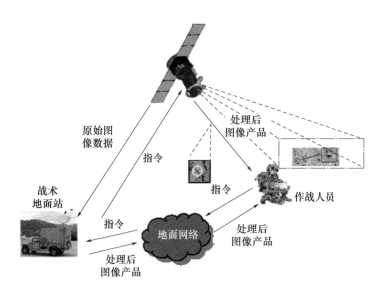

图 1-6　TacSat-3 卫星战术应用示意图[4]

开发的 SpaceCube 版本称为 SpaceCube v1.0。2010 年开始研发 SpaceCube v2.0,目前已经实现商业化,可以作为一种现成的太空解决方案从 Genesis 工程解决方案公司购买,称为 GEN6000,如图 1-7 所示。

针对 SAR 卫星,美国、欧洲等国家和地区开展了持续、系列化的研究工作,如表 1-3 所列。

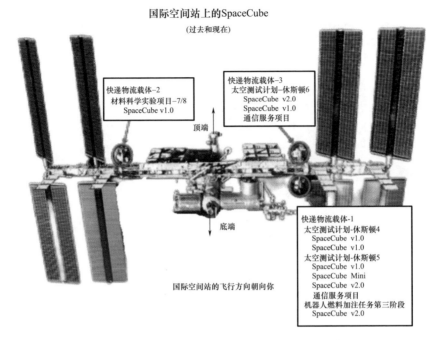

图 1-7 SpaceCube 系列在国际空间站应用的分布图

表 1-3 国外星上 SAR 实时处理动态（预先研究计划）

计划/目的	国家	实现功能	计划时间	技术途径
Discoverer Ⅱ 计划	美国	GMTI、SAR 实时成像	1998—2000 年	CIP
SBR 计划	美国	实时成像处理、MTI	2001—2008 年	FPGA
TechSat21	美国	SAR 成像、动目标检测（MTI）、地理定位	2002—2003 年	PowerPC 750
SAR 成像处理器	美国	SAR 成像处理	2004 年报道	SoC
ERS 卫星	美国	星上 SAR 实时成像、变化检测	2004 年报道	FPGA + PowerPC
干涉 SAR	美国	星上 SAR 干涉处理	2009 年报道	FPGA
下一代多模式 SAR 星上处理器	荷兰	星上 SAR 成像	2011 年报道	FFTC ASIC

2001 年，NASA 星载雷达成像系统（Space Borne Radarimaging System，SBR）计划基于 FPGA 处理模块构建了可重构可容错的星上 SAR 成像处理系统。本项目中 NASA 提出的基于 FPGA 的容错纠错架构，包括三模冗余、专用的错误监控、对出错处理器可屏蔽设计。

2002 年，美国 JPL 提出在 TechSat-21 卫星上开展自主科学卫星技术实验（Autonomous Sciencecraft Experiment，ASE）计划，主要基于 PowerPC 750 处理器实现处理，系统的处理包括 SAR 成像、动目标检测（Moving Target Indication，MTI）和地理定位。成像处理分辨率为 2m，处理速率为 1×10^5 pixel/s。

2004 年，美国 JPL 针对 ESA 卫星，设计了一个星上 SAR 实时成像和变化检测系统。通过重复轨道设计，实现对同一地区的两次成像处理，基于成像结果进行变化检测。如图 1-8 所示，系统的处理能力需求为 13GFlops，存储能力需要 2GB。

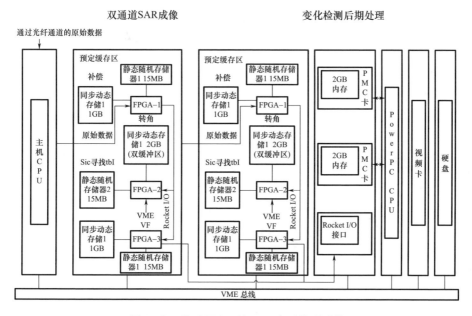

图 1-8　基于 FPGA 的 SAR 实时处理系统

据 2004 年报道，NASA 的 Discovery-2 计划自主设计星载 SAR 处理专用 SoC 处理器，如图 1-9 所示，用于完成星上实时处理。该芯片能够兼容条带和扫描模式的 SAR 实时成像处理。

2009 年，美国 NASA 开展星载干涉 SAR 实时处理技术研究，其主要目标是降低下传数据率。

2010 年，荷兰国家航空航天实验室（National Aerospace Laboratory，NAL）在 ESA 的资助下开展针对下一代多模式 SAR 星上处理器（On-board Payload Data Processor，OPDP）及硬件架构的研究。该产品集成 LEON2 FT 抗辐照处理芯片、FFTC ASIC 芯片以及采用错误检测与纠正（Error Detection And Correction，

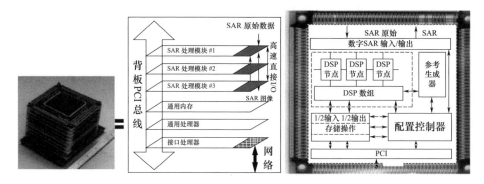

图 1-9 星载 SAR SoC 成像处理器

EDAC)设计的同步动态随机存储器(Synchronous Dynamic Random Access Memory,SDRAM),保证了空间应用的可靠性。该产品也将应用于在 EAS 的 COREH2O、BIOMASS 等后续计划[11]。

3) 2016 年后持续发展

美国 2015 年公布了 NASA 技术路线图[12]（2015 NASA Technology Roadmaps),其中提到了 2015—2035 年光学卫星、SAR 卫星在轨处理技术发展规划,具体如表 1-4 和表 1-5 所列。

表 1-4 光学卫星在轨处理发展规划

关键技术	现状(2015 年)	发展预期
星上智能数据采集和优化（云、损坏数据剔除）	自动决策比例:30%	星上减少无效数据;2023 年,自动决策比例:100%
星上事件检测和智能行动	自动决策比例:30%	星上自动智能感知;2023 年,自动决策比例:100%

表 1-5 SAR 卫星在轨处理发展规划

关键技术	现状(2015 年)	发展预期
SAR 星上成像	星上原始数据存储;TRL:3 级	2018—2020 年,具备星上成像处理能力,TRL:5 级

表 1-5 中,对 SAR 卫星在轨处理 2015 年技术状态描述是 3 级成熟度,即在轨原始数据记录,传输地面处理;需要最少 3～5 年的时间使在轨处理技术达到 5 级成熟度,即能够在轨实现全聚焦 SAR 处理。

2016 年后,欧美等国家和地区持续发展卫星在轨实时处理系统,具备在轨处理能力的卫星数量不断增多,在轨处理应用类型不断丰富,具体情况如表 1-6 所列。

表1-6 2016年后欧美等国家和地区在轨处理发展情况

国家/机构	时间	卫星计划	在轨处理情况
美国 海军研究生学院	2018年	—	在轨船只类型识别系统Rapier SDS
美国 国防高级研究计划局	2018年	Blackjack计划	星上数据在轨处理提供高时效感知信息
美国 航空航天公司、英特尔公司	2019年	"太空云计划"	在轨特定目标搜索
美国 国防部航天发展局	2019年	下一代太空体系架构	在轨数据处理获取目标信息
欧洲 联合研究中心	2019年	EO-ALERT	对地观测数据处理
欧洲	2022年	安全卫星星座计划	天基加密通信

2018年,美国海军研究生学院硕士学位论文[13]提出:针对快速重访的海域意识(Maritime Domain Awareness,MDA)需求,需在小卫星上开展在轨图像处理研究。论文认为,目前硬件以及人工智能图像处理算法无法适用在小卫星上实现全自动船只检测与分类,未来将重点研发在轨船只目标检测处理算法与硬件。具体来说,谷歌(Google)和英伟达(Nvidia)等硅谷重量级公司将参与技术攻关,以获得可行解决方案。一些简单的在轨处理功能可能会部署,如船只类型识别系统Rapier SDS。

2018年,美国国防高级研究计划局开展Blackjack计划,基于商业卫星平台构建低成本卫星星座,装配多种类型传感器载荷,具备高性能、智能化的星上数据在轨处理能力,可为用户提供全球范围内的高时效感知信息[14],如图1-10所示。

- 20个卫星
- 在轨处理
- 星间互传
- 多星协同
- 去中心化
- 自主决策
- 全球监视
- 高时效感知

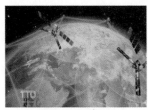

Blackjack示意图

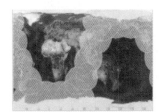

重点覆盖区域

图1-10 Blackjack小卫星星座及其覆盖区域示意图

2019年,美国航空航天公司和英特尔公司合作开展"太空云"计划,将以云计算为基础的人工智能技术转移到太空,使卫星具备在轨处理能力,用于搜索特定目标,检测和传输有效数据。目前已在轨应用实现海洋地形的连续性测量,未来将用于灾难监测、土地变化和资源勘探等领域[15]。

2019年7月,美国国防部航天发展局提出了应对新兴威胁的下一代太空体系架构,由太空传输层、导航层、监视层、威慑层、跟踪层、作战管理层以及支持层等组成。其中,监视层将基于多种载荷综合探测,基于在轨数据处理能力获取目标信息,直接分发,为用户终端提供快速响应等服务[16],如图1-11所示。

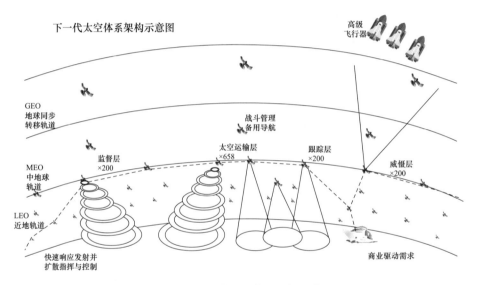

图1-11 下一代太空体系架构示意图

2019年,欧洲联合研究中心组织Workshop研讨会,会议材料表明:欧洲联合研究中心(欧盟的技术研发机构)的EO-ALERT项目中正在开展在轨图像处理研究。该项目有西班牙德莫斯航天公司(Deimos Space)、德国宇航中心(DLR)、奥地利格拉茨理工大学(University of Technology Graz)、意大利都灵理工大学(Politecnico di Torino)、意大利OHB公司、西班牙德莫斯影像公司(Deimos Imaging)共同参与。原计划2020年完成地面验证。EO-ALERT项目的总体目标是实现下一代对地观测数据与处理链。

2020年1月,NASA[17]介绍了SpaceCube v3.0和SpaceCube v3.0-mini硬件处理平台,包括在轨处理的硬件处理器(Ultrascale、MPSoC)、标准处理平台(3U)和软件开发套件,如图1-12所示。

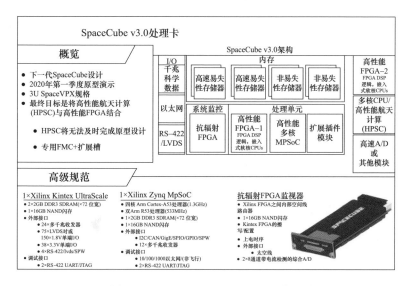

图 1-12 SpaceCube v3.0 处理器介绍

2022年,欧洲计划开展"安全卫星星座-IRIS^2"计划,为欧盟提供天基安全通信系统,主要用于监视(如边境监视)、危机管理(如人道主义援助)以及关键基础设施的连接和保护(如欧盟大使馆的安全通信)等领域[18]。

1.4 国内发展与现状

国内对遥感数据星上预处理、智能压缩、目标检测等智能处理系统的研究起步较晚,处于由预先研究和关键技术攻关向型号应用转化的阶段。

北京理工大学、武汉大学、中国科学院自动化研究所等单位开展了星上光学图像实时处理系统研制的相关技术论证和研究工作;北京理工大学、中国科学院计算技术研究所、中国科学院空天信息创新研究院、上海交通大学等单位开展了星上SAR实时处理系统研制的相关技术论证和研究工作。

从"十二五"开始,国家863计划、民用航天计划都安排了星上处理相关研究项目,重点开展处理芯片、处理方法和系统构建等技术研究,并取得了多项成果。目前我国已有部分卫星具备在轨处理能力。

总之,国内已经针对遥感成像卫星在轨实时处理关键技术开展了有益的探索,但星上处理涉及面向多种应用的在轨高效和智能化处理算法、空间环境下高性能处理芯片、通用处理平台设计等关键技术,与应用需求相比,还有较大差距,亟待开展创新研究。

1.5 在轨实时处理约束条件及技术体系概述

遥感数据在轨实时处理技术难度大,主要是因为需要在星上资源严格制约、空间辐照、高低温环境下,完成海量遥感数据的实时处理。本节首先分析了在轨处理约束条件分析,然后介绍了在轨实时处理技术体系。后继章节将对在轨处理涉及的技术要素逐一进行论述。

1.5.1 在轨处理约束条件分析

在轨处理与地面处理相比,需要满足多个强约束条件,主要包括:对数据处理方法的约束;对处理系统体积、重量、功耗的约束;高低温、真空、抗辐照环境约束等。具体分析如下。

1)对数据处理方法的约束

由于在轨数据处理系统资源与规模有限,星地交互复杂,以及低轨卫星过境的可见弧度有限等原因,数据处理算法在星上应用需要满足以下几个方面的约束:

(1)在轨计算存储能力、资源受限的情况下,算法仍然能够高效、可靠地支撑数据的应用。

(2)在轨运行中算法可自主进行数据处理,无需人工介入操作,而目前在地面站应用的很多算法难以满足在轨运行约束条件。

(3)在轨处理算法所需的各种外部参数、基础数据尽量可以在星上自主获取或快速上注更新。

(4)算法具有较好的鲁棒性与可靠性,能够支撑平台进行长期、不间断地工作。

2)对处理系统体积、重量、功耗的约束

对于光学卫星和SAR卫星,一般体积重量功耗需满足约束条件如表1-7所列。

表1-7 不同卫星对在轨处理系统的典型体积重量功耗约束

卫星类型	重量/kg	功耗/W
大型光学卫星	<20	<150
大型SAR卫星	20~30	<350
小型卫星	5~10	<100

3) 高低温、真空、抗辐照等环境约束

系统在轨必须考虑空间环境因素对系统功能、性能的影响,必须进行空间环境防护设计,使设备在轨可长期可靠运行。

(1) 热环境适应性。

舱内载荷设备常规的工作温度范围为 $-15℃ \sim 45℃$,必须通过采用高等级元器件、电路板散热、结构散热设计等来满足系统工作温度范围要求。

(2) 力学环境适应性。

星上设备在发射主动段、星箭分离的环境下会受到振动和冲击等力学影响,因此星上设备必须具备抗力学设计,通过结构件力学设计、单板加固设计等来达到抗力学环境指标要求。

(3) 真空环境适应性。

真空环境会影响处理系统的散热,需通过设备表面辐射特性设计、安装面平面度设计等使设备在真空热环境下稳定运行。

(4) 抗辐照适应性。

卫星位于不同轨道高度、不同辐射带所受到的辐射剂量区别很大,如图 1 - 13 所示和表 1 - 8 所列。

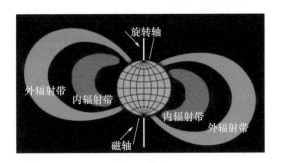

图 1 - 13 地球辐射带示意图

表 1 - 8 不同辐射带不同高度辐射区别

辐射带	粒子种类	能量范围/(MeV)	全向积分通量/(个/cm² · s)	中心位置海拔高度/km
内辐射带	质子	0 ~ 4	$10^5 \sim 10^6$	5000
		4 ~ 15	$2 \times 10^4 \sim 10^5$	4000
		15 ~ 35	$4 \times 10^3 \sim 2 \times 10^4$	3500
		35 ~ 50	$< 4 \times 10^3$	3000
	电子	> 0.5	10^8	3000

续表

辐射带	粒子种类	能量范围/(MeV)	全向积分通量/(个/cm²·s)	中心位置海拔高度/km
外辐射带	质子	30~103	<10	—
	电子	45~500	2×10^7	21000

根据不同处理任务需求,在轨处理硬件平台处理器面临的空间辐射效应也不同。因此,硬件平台架构设计及器件选型时需考虑其对不同轨道数据快速处理的普适性。

(5)使用寿命。

不同种类卫星的使用寿命一般有着不同的年限要求,如表1-9所列。

表1-9 使用寿命区别

卫星类型	使用寿命/年
快速响应小卫星	1~3
低轨大型卫星	5~8
静止轨道卫星	8~15

1.5.2 在轨实时处理技术体系

构建在轨实时处理系统,所涉及的技术方向主要包括在轨遥感信息处理方法、在轨高性能处理平台等。具体技术内涵如下。

1)在轨遥感信息处理方法

遥感信息处理主要包括:

(1)数据预处理。卫星数据下传后,进行解码、解格式、解密、解压缩处理,以及数据云判、快视处理,获得载荷的原始数据。

(2)快速反应处理。根据需要在数据接收的同时进行目标检测、感兴趣区域提取等处理。

(3)0-4级标准产品处理。对接收的连续数据,根据一定规则进行分景处理,并进行编目管理,形成0级产品。针对不同载荷需完成SAR载荷数据的成像、辐射、几何校正,经过光学载荷数据的辐射、几何校正、多波段配准,以及电子侦察数据的匹配定位等,形成1、2、3、4级不同精度产品。

(4)信息处理。在标准产品基础上,进行自动目标检测、变化检测、分类分析、信息融合等处理,辅助人工判读,最终生成专题产品图。

(5)定标处理和质量评价。根据不同载荷要求,进行辐照、几何定标处理,使产品精度满足指标要求。需根据图像质量评定结果,不断进行定标修正。

根据在轨处理需求分析,整理在轨处理能力要求分析如表 1-10 所列。

表 1-10　在轨信息处理应达到的处理能力要求分析

序号	地面处理	典型处理内容	在轨处理迁移必要性	在轨处理能力需求分析
1	数据预处理	解密、解压缩	不必要	由于在轨处理直接获取载荷原始数据,因此不需要进行此相关处理
2	快速反应处理	感兴趣区域提取	必要	快速感兴趣区域提取
3	0-4 级标准产品生成处理	SAR 成像处理、辐射校正、几何校正	必要	在轨完成 0-4 级产品处理,数据传输到地面可直接应用
4	信息处理	建筑、船、车等运动目标检测与识别;变化检测	必要	在轨处理最终目标是实现根据需求的直接生成专题产品,直接发送最终用户
5	定标处理和质量评价	在轨辐射定标、几何定标	部分需要	进行自主的质量评价

针对在轨的条件约束,研究满足在轨约束条件的遥感信息处理方法。

2) 在轨高性能处理芯片

在轨高性能处理芯片是决定在轨处理系统处理能力的关键要素。星上主流的处理芯片包括 DSP、FPGA、ASIC、SoC 等。器件选择时需考虑其性能和抗辐射效应能力,其性能指标可以用计算密度(Computing Density,CD)以及每瓦的计算密度(CD/W)来衡量,其抗辐照指标可以用总剂量、单粒子闪锁、单粒子翻转概率来衡量。此外,核心芯片的选择还要考虑成本和开发周期。

星上处理可根据不同的任务需求,采用不同加固方式的处理芯片以节约成本[19]。芯片容错性与星上处理器成本关系如图 1-14 所示。其中,无容错(no Fault Tolerant, noFT)表示没有经过容错设计;软件方法容错(Software Idea Fault Tolerant, SIFT)表示软件容错;抗辐射加固设计(Radiation Hardened by Design, RHBD)表示芯片通过在布局、电路、逻辑和架构方面的实现容错;双模冗余(Dual-Module Redundancy, DMR)表示采用双模冗余技术;三模冗余(Triple Modular Redundancy, TMR)表示采用三模冗余技术;抗辐射强化(Radiation Hard, RH)表示采用专业抗辐照处理工艺进行容错设计。

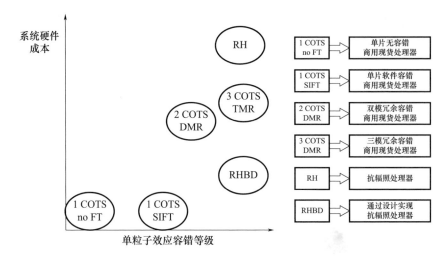

图1-14 单粒子效应容错性与星上处理器架构成本的关系曲线

开发周期,以CPU的开发周期为1(单位开发周期),不同种类的处理器开发同一项目所需要的周期如图1-15所示。

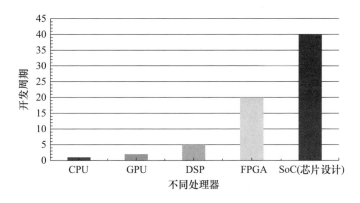

图1-15 不同处理器开发周期示意图

3)在轨高性能处理平台

在轨高性能处理平台包括硬件平台和软件平台,是承载高效处理算法的基础。在轨高性能处理硬件平台主要是指硬件模块、模块间的互联结构等,软件平台主要是指软件层次化的架构设计、底层驱动设计、中间调度模块设计等。在轨高性能处理平台要满足多种类在轨处理需求,并实现高的性能与功耗比,以适应在轨严格的资源约束;针对空间环境对系统性能的影响,星上实时处理系统要具有高可靠的特征,以保证系统可以在空间极端环境下正常工作。

1.6 本书后继章节介绍

本书后继章节,根据上述介绍的遥感数据在轨实时处理技术体系涉及的算法、芯片、系统逐步开展阐述。其中,第 2 章为微波成像卫星在轨处理方法,针对星载 SAR 卫星多种模式的在轨成像处理方法以及基于 SAR 数据的在轨静止/动目标检测方法进行了论述;第 3 章为光学成像卫星在轨处理方法,针对光学遥感数据的成像特点和图像特征,较为系统地阐述了光学遥感在轨应用中的预处理、在轨图像压缩与质量评价、在轨目标检测等关键技术;第 4 章为在轨遥感数据处理芯片设计,针对星载 SAR 在轨成像处理、在轨图像目标检测处理等需求,对在轨 SAR 成像处理芯片设计、在轨遥感光学图像处理芯片设计和在轨遥感数据处理芯片部分冗余加固设计等进行了详述;第 5 章为遥感成像卫星在轨实时处理平台架构及系统构建,针对在轨遥感数据实时处理的不同需求,分析了不同任务对处理资源的需求,对在轨通用化/可扩展/可重构硬件架构设计、在轨遥感数据实时处理软件架构研究以及在轨系统空间防护设计进行了详述,并介绍了一些典型的在轨处理系统;第 6 章对遥感成像卫星在轨实时处理技术进行了总结与展望。

参考文献

[1] TATEM A J, GOETZ S, HAY S I. Fifty Years of Earth Observation Satellites:Views from above have lead to countless advances on the ground in both scientific knowledge and daily life [J]. American scientist, 2008, 96(5): 390 – 398.

[2] SCHNEIDER T, GOEDECKE M, LAKES T. Berlin (Germany) Urban and Environmental Information System[C]//Application of Remote Sensing for Planning and Governance—Potentials and Problems. Springer, 2007.

[3] 李劲东. 中国高分辨率对地观测卫星遥感技术进展[J]. 前瞻科技, 2022, 1(1):112 – 125.

[4] TacSat – 3 (Tactical Satellite – 3) [EB/OL]. 2012. https://www.eoportal.org/satellite – missions/tacsat – 3#eop – quick – facts – section.

[5] DAVIS T M, STRAIGHT S D, LOCKWOOK R B. Tactical Satellite – 3[EB/OL]. (2008 – 08 – 01). https://ui.adsabs.harvard.edu/abs/2008ESASP.660E.34D.

[6] FANG W C, JIN M Y. On board processor development for NASA's spaceborne imaging radar

with VLSI system-on-chip technology[C/OL]//2004 IEEE International Symposium on Circuits and Systems (ISCAS):2004:Ⅱ-901[2023-12-20]. https://ieeexplore.ieee.org/document/1329418.

[7] 高昆,刘迎辉,倪国强,等. 光学遥感图像星上实时处理技术的研究[J]. 航天返回与遥感,2008,29(1):5.

[8] GRESLOU D, LUSSY F, AMBERG V, et al. PLEIADES-HR 1A&1B image quality commissioning: innovative geometric calibration methods and results[J/OL]. Zinc Oxide Materials and Devices Ⅳ, 2013, 8866: 11. https://doi.org/10.1117/12.2023877.

[9] HUFFINE C, DUFFEY T, NICHOLSON S. TacSat-2/TIE Payload Development: Enabling Rapid Development and Testing of Space Payload Hardware and Software[J/OL]. Small Satellite Conference, 2008. https://digitalcommons.usu.edu/smallsat/2008/all2008/13.

[10] STRAIGHT S, DOOLITTLE C, COOLEY T, et al. Tactical Satellite-3 Mission Overview and Initial Lessons Learned[J/OL]. Small Satellite Conference, 2010. https://digitalcommons.usu.edu/smallsat/2010/all2010/33.

[11] BIERENS L, VOLLMULLER B J. On-board Payload Data Processor (OPDP) and its application in advanced multi-mode, multi-spectral and interferometric satellite SAR instruments[C/OL]//EUSAR 2012; 9th European Conference on Synthetic Aperture Radar. 2012. 340-343[2023-12-21]. https://ieeexplore.ieee.org/document/6217074.

[12] 2015 NASA Technology Roadmaps-TA 8: Science Instruments, Observatories, and Sensor Systems[J/OL] 2015. https://www.nasa.gov/sites/default/files/atoms/files/2015_nasa_technology_roadmaps_ta_8_science_instruments_final.pdf.

[13] MCGOWAN J. Small Satellite Sensor and Processing Analysis for Maritime Domain Awareness[EB/OL]. https://apps.dtic.mil/sti/pdfs/AD1060001.pdf.

[14] Defense Advanced Research Projects Agency—Blackjack[EB/OL]. https://www.darpa.mil/program/blackjack.

[15] LEE J J, O'NEILL I J. NASA Turns to the Cloud for Help With Next-Generation Earth Missions[EB/OL]. 2021. https://www.nasa.gov/centers-and-facilities/jpl/nasa-turns-to-the-cloud-for-help-with-next-generation-earth-missions/.

[16] ZISK R. The National Defense Space Architecture (NDSA): An Explainer[EB/OL]. 2022. https://www.sda.mil/the-national-defense-space-architecture-ndsa-an-explainer/.

[17] WILSON CHRISTOPHER. SpaceCube: A NASA Family of Reconfigurable Hybrid On-Board Science Data Processors[EB/OL]. https://ntrs.nasa.gov/citations/20200000731.

[18] TIMMERMANS R. IRIS²: the new EU Secure S[EB/OL]. https://www.groundstation.

space/iris%C2%B2-the-new-eu-secure-satellite-constellation.

[19] SORIN D J. Fault Tolerant Computer Architecture[M/OL]. Cham: Springer International Publishing, 2009[2023-12-21]. https://link.springer.com/10.1007/978-3-031-01723-0.

第 2 章
微波成像卫星在轨处理方法

2.1 概述

微波成像卫星是将合成孔径雷达(Synthetic Aperture Radar,SAR)放在卫星平台上,利用宽带雷达信号实现距离高分辨成像,利用合成孔径原理实现方位高分辨成像。由于微波波段具有穿透能力,可以全天时、全天候地获得地面距离—方位二维高分辨微波图像,不受太阳光照以及云、雨、雾等恶劣天气的影响,可在夜间、恶劣天气或对丛林中的物体进行成像,有效识别目标[1-5],现已广泛应用于灾害监测、军事侦察、海洋观测、地质勘探、农林业等诸多方面。本章主要针对主动微波成像——星载 SAR 在轨处理方法展开论述。

经过多年的发展,星载 SAR 已发展出多种模式,如条带模式、扫描模式、聚束模式、滑动聚束模式、循序扫描地形观测(Terrain Observation by Progressive Scans, TOPS)模式、多通道条带模式、多通道扫描模式等。下面对各种模式的基本工作原理分别进行简单介绍。

(1)条带模式。

条带模式工作示意图如图 2-1 所示,在平台运动的过程中,波束指向不动,在地面上形成一个连续条带,条带的距离向成像幅宽与天线俯仰向波束宽度有关,方位向成像幅宽与工作时间有关。

(2)扫描模式。

扫描模式工作示意图如图 2-2 所示,距离向切换波束形成多个子带,距离向成像幅宽较大,但由于扫描模式方位向采用部分孔径成像,因此方位向分辨率低。

第 2 章　微波成像卫星在轨处理方法

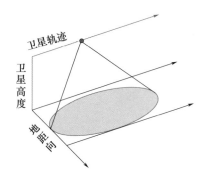

图 2-1　条带模式工作示意图

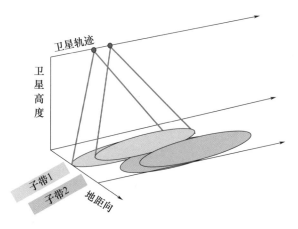

图 2-2　扫描模式工作示意图

（3）聚束模式。

聚束模式工作示意图如图 2-3 所示,平台机动使波束持续指向地面某区域,合成孔径时间长,分辨率高,但其成像幅宽受限于天线波束宽度,成像区域小。

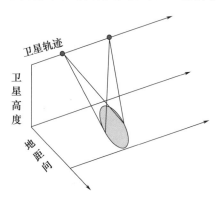

图 2-3　聚束模式工作示意图

25

(4) 滑动聚束模式。

滑动聚束模式工作示意图如图 2-4 所示,平台机动使波束指向地下虚拟点,实现波足在地面缓慢的滑动。相比于条带模式,其波足速度小,合成孔径时间长,因此分辨率略高;相比于聚束模式,其成像区域不再受限于波束宽度,而与转角有关,因此成像幅宽略大。

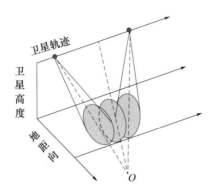

图 2-4　滑动聚束模式工作示意图

(5) TOPS 模式。

TOPS 模式工作示意图如图 2-5 所示,通过控制平台机动使波束反向指向空中虚拟点,实现波足在地面的滑动,波束控制的方式与滑动聚束相反。距离向通过波束切换,实现大幅宽成像。

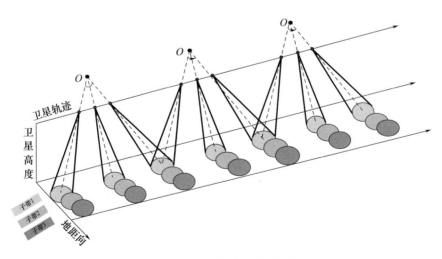

图 2-5　TOPS 模式工作示意图

(6)多通道条带模式。

多通道条带模式工作示意图如图2-6所示,小天线发射宽波束,多个通道同时接收回波信号,通过增加空间采样率来降低时间采样率,解决分辨率与幅宽之间的矛盾关系,实现高分宽幅成像。

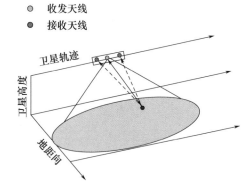

图2-6 多通道条带模式工作示意图

(7)多通道扫描模式。

多通道扫描模式工作示意图如图2-7所示,小天线发射宽波束,多个通道同时接收回波信号,通过增加空间采样率来降低时间采样率,解决分辨率与幅宽之间的矛盾关系。距离向通过波束切换,实现大幅宽成像。

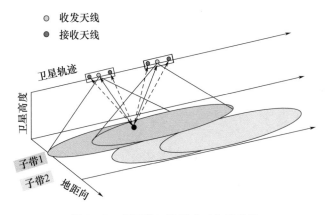

图2-7 多通道扫描模式工作示意图

表2-1总结了各个模式工作特点。总之,星载SAR技术不断成熟,朝着多模式、高分辨率和宽测绘带等方向发展。

表 2-1　星载 SAR 各模式工作特点

工作模式	分辨率	成像场景	波束指向	特点
标准条带	中	中	不变	分辨率适中,成像幅宽较小
扫描	低	大	距离向波束切换,子条带拼接	成像幅宽大,存在扇贝效应
聚束	高	小	波束持续指向地面某区域	分辨率高,成像幅宽小
滑动聚束	略高	与转角有关	波束指向地下虚拟点,波足在地面滑动	方位向分辨率和成像幅宽介于条带模式和聚束模式之间
TOPS	低	大	距离向和方位向二维扫描,方位向波束控制方式与滑聚相反	无扇贝效应
多通道条带	略高	略大	不变	实现方位向高分辨率和距离向大成像幅宽
多通道扫描	略低	大	距离向波束切换,子条带拼接	成像幅宽大,存在扇贝效应

星载 SAR 获取的是雷达回波数据,需要进行聚焦成像处理,才能形成二维高分辨率图像。成像处理的运算量很大,一般在地面进行处理。随着 SAR 载荷性能的提升,星地数传逐步成为瓶颈;同时,星上获取数据、地面处理的模式下信息获取的时效性不足,难以满足减灾应急、环境监测、国家安全等高时效应用需求。

随着星载 SAR 处理算法的逐步成熟以及在轨处理硬件技术的发展,星载 SAR 在轨处理逐渐成为可能。在轨成像后,星上处理器可进一步完成感兴趣区域提取、目标检测识别等处理,可以大幅减少数据量,突破数传瓶颈,满足多种高时效应用要求。

本章针对星载 SAR 在轨处理迫切需求,详细介绍了星载 SAR 在轨处理方法,共包含两部分主要内容:一是针对星载 SAR 多种模式的在轨一体化成像处理技术;二是基于星载 SAR 图像的感兴趣区域和小目标在轨检测识别方法。

2.2　星载 SAR 在轨成像处理

2.2.1　一体化成像处理方法概述

星载 SAR 目前具有多种成像模式。传统成像处理时,针对每一种模式研发一种成像处理方法。而在轨成像处理时,考虑到星上体积、重量、功耗的严约束,若采用可编程处理器,每种模式程序不同,所需软件存储空间大;若设计专用的成像处理芯片,更需设计一种一体化成像处理方法。

星载 SAR 成像处理算法包含后向投影(Background Projection, BP)算法、Omega-K算法、距离多普勒(Range Doppler, RD)算法、线性调频变标(Chirp Scaling, CS)算法等。BP 算法[6]是一种高精度的时域算法,但运算量比较大。Omega-K 算法[7]是一个高精度的频域成像处理算法,但是其需要在二维频域进行非线性插值,插值耗时且效果直接影响图像质量。RD 算法[8]是一种效率比较高的算法,然而需要通过插值实现距离徙动校正(Range Cell Migration Correction, RCMC)。为了实现高精度算法,插值因子的系数必须随距离变化且跨越多个距离门,在实际应用中需要在算法精度和效率之间进行折中。CS 算法[8]精度较高,它可以通过相位因子相乘实现 RCMC,避免了插值操作,只需要复乘和 FFT 运算就可以进行空变的 RCMC,满足大场景的成像处理;可以在二维频域实现随着方位频率变化的二次距离压缩和 RCMC,实现高精度的高分辨率成像处理。所以,CS 算法可以作为星载 SAR 在轨成像处理的首选。

本节提出了一种适用于条带、扫描、滑动聚束、聚束、TOPS、多通道条带、多通道扫描 7 种模式的基于 CS 的一体化实时成像处理方法,如图 2-8 所示。

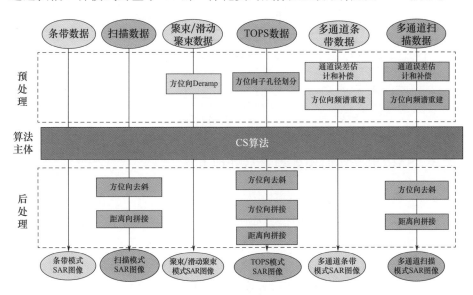

图 2-8 SAR 一体化实时成像处理算法

从图 2-8 可以看出,预处理、后处理和算法主体是一体化实时成像处理算法的关键。针对算法主体方面,本节首先给出了 CS 算法相关介绍,对于 SAR 成像处理预处理和后处理部分分别给出了聚束、滑动聚束、TOPS 和多通道模式的关键处理步骤。另外,考虑到算法在轨处理下的效率提升需求,给出了二维聚焦深度算法流程和定点化误差分析,提出二维聚焦深度因子更新和定点化方法,为在轨实时处理实现提供有效支撑。

2.2.2 SAR 一体化成像处理主体算法

星载 SAR 回波数据在进行预处理后,可以采用 CS 算法[8]进行成像处理。CS 算法流程图如图 2-9 所示,首先在距离多普勒域乘以 CS 因子,完成补余距离徙动校正;然后变换到二维频域,完成距离压缩和一致距离徙动校正;接着变换到距离多普勒域,完成方位压缩和相位补偿;最后变换到二维时域完成图像聚焦处理。

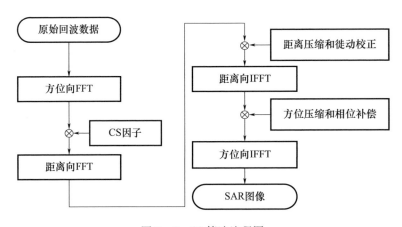

图 2-9 CS 算法流程图

2.2.3 SAR 数据实时预处理及后处理方法

2.2.3.1 去斜升采样技术

滑动聚束模式的成像几何模型如图 2-10 所示。卫星平台绕着虚拟点 P 从点 S 飞行到点 E,波束转角为 θ,场景中心点为 C,合成孔径中心点为 O,点 O 到点 C 的距离为 R_0,点 C 到点 P 的距离为 r,波束宽度为 β,卫星平台速度为 v,波足速度为 v_g,在平台工作的时间内波束中心从点 A 移动到点 B。

滑动聚束模式下,由于方位向波束的转动导致场景内各点的多普勒中心差异大,引入了较大的多普勒带宽,场景的多普勒带宽大于脉冲重复频率(Pulse Reception Frequency, PRF),最终导致回波方位频谱混叠。成像处理之前要进行预处理操作,将信号进行升采样实现方位频谱去混叠。滑动聚束模式成像采用去斜(Deramp)操作对信号进行升采样处理[9]。

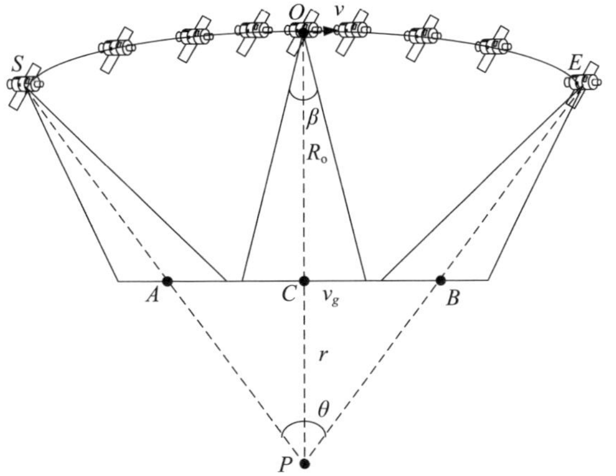

图 2-10 滑动聚束模式成像几何模型

Deramp 处理的实质是将信号与去斜函数进行卷积操作,通过时间变量的变换实现信号升采样。去斜函数为

$$S_{\text{ref}}(t_a; R_v) = \exp\left(j2\pi \frac{v^2 t_a^2}{\lambda R_v}\right) \quad (2-1)$$

式中:$R_v = R_0 + r$ 为平台到虚拟点的最短斜距。值得注意的是,聚束模式与滑动聚束模式的去斜函数形式类似,但聚束模式点 C 到点 P 的距离 r 为 0,因此有 $R_v = R_0$。将信号表示式代入卷积,得到卷积表达式为

$$\begin{aligned} S_d(t, t_a; R_s) &= S(t, t_a; R_s) \otimes S_{\text{ref}}(t_a; R_v) \\ &= \int S(t, \tau; R_s) \exp\left(j2\pi \frac{v^2}{\lambda R_v}(t_a - \tau)^2\right) d\tau \\ &= \exp\left(j2\pi \frac{v^2}{\lambda R_v} t_a^2\right) \int S(t, \tau; R_s) \exp\left(j2\pi \frac{v^2}{\lambda R_v} \tau^2\right) \exp\left(-j2\pi \frac{2v^2}{\lambda R_v} t_a \tau\right) d\tau \end{aligned}$$
$$(2-2)$$

将式(2-2)进行离散化处理后得到

$$S_d(t, nt_{\text{new}}; R_s) = \underbrace{\exp\left(j2\pi \frac{v^2}{\lambda R_v}(nt_{\text{new}})^2\right)}_{\text{复乘}}$$
$$\underbrace{\sum_{i=-M/2}^{M/2-1} \underbrace{S(t, it_a; R_s) \exp\left(j2\pi \frac{v^2}{\lambda R_v}(it_a)^2\right)}_{\text{复乘}} \exp\left(-j2\pi \frac{2v^2 t_a t_{\text{new}}}{\lambda R_v} in\right)}_{\text{FFT操作}}$$
$$n = -N/2, \cdots, N/2-1 \quad (2-3)$$

式中:M 为原始方位向采样点数;N 为升采样后的方位向点数;t_{new} 为升采样后的时间变量。

从式(2-3)可以看出,Deramp 的卷积操作在离散域等效为三个步骤:首先复乘一个二次相位项进行去斜处理,去斜后信号的带宽小于系统脉冲重复频率;然后对去斜后的信号进行 FFT 操作,实现信号升采样,升采样后的采样频率大于信号带宽;最后将信号复乘一个二次相位项,完成 Deramp 操作。

滑动聚束模式的回波信号经过 Deramp 预处理后,信号频谱不再混叠,后续能够采用频域成像算法进行成像处理。采用去斜升采样技术的高分三号(GF-3)卫星滑动聚束模式成像结果如图 2-11 所示。

图 2-11　GF-3 滑动聚束模式香港地区局部成像结果

2.2.3.2　子孔径划分技术

子孔径划分技术[10]用于 TOPS 模式成像处理。TOPS 模式下,天线波束在距离向与方位向二维转动。以距离向三个子带为例,TOPS 模式的成像几何模型如图 2-12 所示。卫星平台绕着虚拟点 O 从点 S 飞行到点 E,波束转角为 θ,方位向波束宽度为 β,卫星平台速度为 v,波足速度为 v_g,在单个簇发(Burst)时间内波束中心从点 A 移动到点 B。

在 TOPS 模式下,由于方位向波束转动导致场景内各点的多普勒中心差异大,引入了较大的多普勒带宽,场景的多普勒带宽远大于 PRF,导致方位向频谱严重混叠。因此,采用方位向数据子孔径划分技术,保证各子孔径数据的多普勒带宽小于 PRF,去除方位向频谱混叠。

除此之外,为了获得连续的照射场景,相邻子孔径间要有至少一个合成孔径时间的数据重叠。TOPS 模式方位向两个相邻子孔径划分如图 2-13 所示。

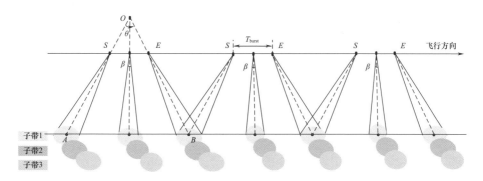

图 2-12 TOPS 模式成像几何模型

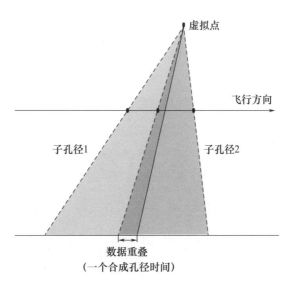

图 2-13 TOPS 模式方位向子孔径划分

采用子孔径划分技术的 TOPS 模式面目标仿真成像结果如图 2-14 所示，图像拼接后无错位。

图 2-14 TOPS 模式面目标仿真成像结果

2.2.3.3 频谱重建

频谱重建技术用于多通道模式预处理中。当满足方位向均匀采样时,可根据各通道回波的空间采样位置,将方位向多个通道的回波信号等效为单个通道的回波信号,便于后期成像处理。但在实际情况中,均匀采样对系统 PRF 的要求太过苛刻,一般难以满足,从而使得星载 SAR 多通道系统存在方位向周期性非均匀采样。当方位向存在周期性非均匀采样时,在回波信号中会引入周期性的相位误差,在图像中引入成对回波。

方位向频谱重建可以解决星载 SAR 多通道系统方位向非均匀采样问题。考虑到效率问题,采用 Krieger 所提的 DBF 方法进行频谱重建[11],并且在一体化实时成像处理算法中实现。

采用 Krieger 所提的 DBF 方法进行频谱重建,并结合通道间幅相误差估计补偿技术,形成的 GF-3 双通道条带模式成像结果如图 2-15 所示。

图 2-15 GF-3 双通道条带模式成像结果

2.2.3.4 后处理技术

一体化成像处理流程如图 2-8 所示,后处理部分主要是完成图像拼接。SAR 图像拼接技术是指将 SAR 形成的多幅存在重叠区域的子孔径图像拼接成一副完整的场景图像,它是 SAR 成像技术和图像拼接技术的有机结合。目前典型的星载宽幅 SAR 一般工作在 Burst 模式下,如扫描、TOPS、多通道扫描模式,因此研究子测绘带图像拼接算法,形成大场景 SAR 图像是十分必要的。

以 TOPS 模式后处理为例,基于几何模型的图像拼接算法主要包括拼接预处理、方位向拼接和距离向拼接三个操作步骤。

(1) 拼接预处理包括图像重采样和方位向数据补零。TOPS 模式下,各子带波位参数不同,导致各子带图像分辨率不同,所以需要对图像进行重采样。此外,TOPS 模式下的方位向不同子带具有不同的起始位置,为保证图像场景拼接完全,需要对各子带在方位向进行数据补零操作。

(2)方位向拼接。计算相邻 Burst 间方位向重叠点数,去除相邻 Burst 间的方位向重叠场景,完成方位向拼接。

(3)距离向拼接。根据各子带照射距离的范围,计算相邻子带间距离向重叠点数,去除距离向重叠场景,完成距离向拼接。

2.2.4 二维聚焦深度和优化字长运算的 SAR 成像处理方法

一体化成像处理算法的主体是 CS 算法,该算法主要运算包括浮点 FFT、复乘和 CS 因子生成等。在轨应用主要有两个难题:①CS 因子生成耗时,成像处理延迟大;②浮点 FFT 和复乘运算,硬件资源需求大,难以满足星上体积、重量、功耗的严格约束。为此,采用二维聚焦深度和优化字长运算等技术,简化星载 SAR 成像处理,从而满足在轨处理需求。

2.2.4.1 基于二维聚焦深度的 SAR 成像处理方法

基于二维聚焦深度的 CS 算法[12]包括 CS 因子相乘、距离向补偿因子相乘和方位向补偿因子相乘三个步骤,流程图如图 2-16 所示。在第一个步骤和第二个步骤中,相位因子沿着方位向聚焦深度区域更新。在第三个步骤中,相位因子沿着距离向聚焦深度和方位向聚焦深度区域更新。

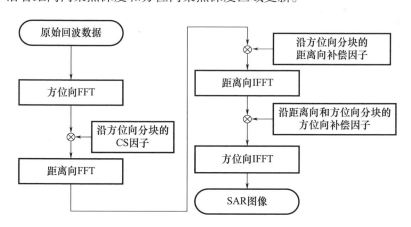

图 2-16 基于二维聚焦深度的 CS 算法流程图

当方位向补偿因子沿着距离向聚焦深度区域更新时,将会产生相位误差,可能导致图像方位向散焦。因此,需选取合适的聚集深度,使得区域更新对成像质量的影响可忽略,在简化星载 SAR 成像处理的同时保证成像质量。

一维聚焦深度更新和二维聚焦深度更新的仿真面目标成像结果对比如图 2-17 所示,可以看出采用二维聚集深度的 CS 算法图像损失可忽略。

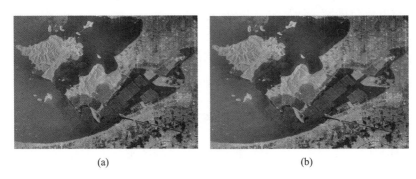

图 2-17　一维聚集深度更新与二维聚集深度更新的仿真面目标成像结果对比
(a) 一维聚焦深度为 8 的 16k×16k 数据成像结果;(b) 二维聚焦深度为 8 的 16k×16k 数据成像结果。

2.2.4.2　优化字长运算的 SAR 成像处理方法

传统的 CS 算法采用浮点运算,运算量大,处理系统难以满足星上体积、重量、功耗的严格约束。为此,本书给出优化字长运算的 SAR 成像处理方法,采用定点运算降低成像处理运算量,实现星上实时成像处理。定点运算会引入较大的信号表征误差和运算误差,造成 SAR 图像信噪比和积分旁瓣比等成像质量下降。根据 SAR 成像质量要求,可确定最优处理字长。

通过参考文献[13],建立 CS 成像算法定点运算的误差模型,如图 2-18 所示,包括量化误差、FFT/IFFT 误差、复乘误差、参考信号量化误差等。将整个流图视为一个系统,则整个系统是多个子系统的一个级联。在实际中通常很难获取准确的传输函数,假设每一个处理结点的误差由两部分组成:结点自身运算产生的误差和前面结点传输过来的误差。整个系统的误差则是各个结点误差的累积。

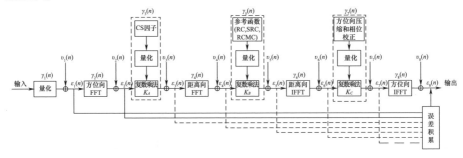

图 2-18　CS 算法定点运算误差模型

经过分析推导,系统输出的噪信比和输入信号、FFT/IFFT 点数、成像算法、字长等因素有关。因此,可以通过信噪比的要求反推出实际应用中需要的字长,以更加合理地配置资源。

2.3 星载 SAR 在轨目标检测分类

本节根据 SAR 图像在轨目标检测分类,对在轨感兴趣区域目标检测以及小目标检测分类提出了具体在轨处理方案。由于在轨实时性要求,在轨目标检测仍采用传统方法居多,针对 SAR 图像的在轨溢油检测、水域检测以及船只目标检测,采用传统的候选区提取和虚警剔除策略对目标进行有效提取。但由于传统单一类型特征结合分类器的模式在处理 SAR 图像目标分类时,特征未能全面准确地描述不同类型目标差异,影响分类结果精度,因此本节采用深度学习技术完成船只类型分类。

2.3.1 基于 SAR 图像的在轨感兴趣区域目标检测

海上溢油区域检测、陆上洪水区域检测均需要很高的实时性。而在一定风浪条件下,油膜阻尼了海水表面的毛细波,使海面粗糙度降低,由于呈现镜面反射的特点,油膜覆盖的区域会表现出低于背景海面区域的灰度信息,在 SAR 图像上呈现比背景海水相对灰暗的面状暗斑或絮状条带特征。而陆地上的河流、湖泊等水域区域,水面一般比较平静,水域区域会表现出低于山脉、城镇、农田等地物的灰度信息。因此,可基于星载 SAR 图像实现溢油和水域区域检测。下面就在轨实现溢油、水域检测的方法进行论述。

2.3.1.1 基于 SAR 图像的在轨溢油检测

针对在轨遥感图像的溢油检测,目标区域往往只是其所在大视场影像中的一小部分。传统的场景分割方法直接对整幅图像中的所有区域进行无区分的溢油区域提取,数据处理效率低,在实际复杂场景中容易出现虚警和漏检。

为了适应在轨 SAR 溢油检测[14],提高算法的处理效率和检测性能,可以把溢油区域的提取分为两个层次:第一层为候选区快速提取。利用灰度特征和边缘特征进行候选区的快速提取,能够快速提取复杂大视场下各个溢油区候选区;第二层为溢油区域检测。采用基于上下文特征的虚警剔除与基于多核学习的溢油区域判别,进行溢油区域的精细判别。在轨 SAR 图像溢油检测流程图如图 2-19 所示。

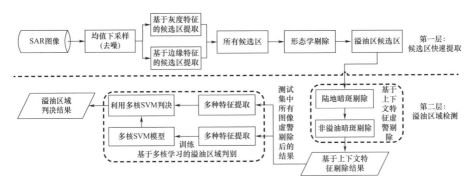

图 2－19　在轨 SAR 图像溢油检测流程图

（1）图像预处理。

SAR 图像被用于目标检测应用之前，一般都需要进行一定的预处理。一般预处理模块包括图像去噪、图像增强等操作，其中图像去噪是预处理中的重要环节之一，因为 SAR 图像中存在严重的相干斑噪声，使图像信息受到严重干扰，不利于后续的检测工作。在实际在轨处理应用中，获得的遥感图像都是针对大幅场景的，即待处理的图像一般都较大，而海洋溢油检测对实时处理的需求又很大。鉴于此，图像预处理采用均值下采样方法，不仅能较好地去除噪声，还能压缩一定的数据量，便于图像的实时处理。

（2）候选区提取。

溢油候选区提取是 SAR 图像溢油检测系统中关键的一步，其主要目的是将溢油区域与疑似溢油区域（一般为陆地暗斑）提取出来，这是后续的特征提取及溢油区域判别的基础。传统的溢油候选区提取方法都是基于灰度特征或边缘特征的图像分割。

基于灰度特征的方法是以溢油在 SAR 图像上的成像特点为依据，其特点是：简单快速，效果直观，能很好地将图像中较暗的区域分割出来。但这类方法过分依赖于阈值的选择，如果阈值选取的不合适，则难以将灰度相差不太大的溢油区域和暗区域分离。

基于边缘特征的方法是根据边缘两侧区域的灰度梯度或比值特性，其能较好地将不同质地的区域边缘检测出来，而由于图像边缘蕴含了感兴趣目标的特征信息，也有利于后续的虚警剔除。

因此，基于灰度特征和基于边缘特征的检测技术各有所长又相互补充，两者结合可以更好地检测出溢油区域。在候选区快速提取后，需要进行形态学处理。目的是将提取的候选区或者边缘连接并填充其内部区域,同时去掉过大或过小的疑似溢油区域。形态学处理方法包括腐蚀、膨胀、填充等。图 2-20 和图 2-21 所示分别为美国墨西哥湾的溢油区候选区提取结果和韩国西北海域的溢油区候选区提取结果。

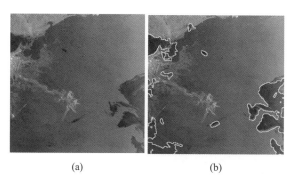

图 2-20 美国墨西哥湾的溢油区候选区提取结果

(a) SAR 原图;(b) SAR 溢油候选区提取结果图。

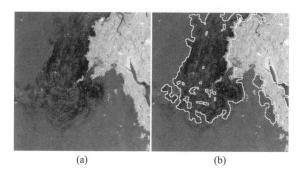

图 2-21 韩国西北海域的溢油区候选区提取结果

(a) SAR 原图;(b) SAR 溢油候选区提取结果图。

(3) 基于上下文特征的虚警剔除。

海洋中溢油区域周围的灰度均值一般较小,而疑似溢油区域(陆地中的暗斑)周边都是陆地,故其周围区域的灰度均值较大。同时,虽然海中溢油和陆地暗斑的周围区域分布相对一致,即方差都较小,但是溢油区域周围是海、陆地暗斑(疑似溢油区)周围均是陆地,即真实溢油区与陆地暗斑周围区域不同质,陆地暗斑周围陆地的方差较大。基于此,利用之前提取的候选区域 ROI 周围一圈的区域进行陆地暗斑剔除。

在对陆地暗斑等虚警进行剔除的过程中,通常只考虑 ROI 周围区域的特征,并没有考虑 ROI 内部区域与周围区域的对比特征。故在本节的陆地暗斑虚警剔除中,将利用这些对比特征进行进一步的暗斑虚警剔除。图 2-22 和图 2-23 所示分别为美国墨西哥湾的溢油区候选区虚警剔除结果和韩国西北海域的溢油区候选区虚警剔除结果。

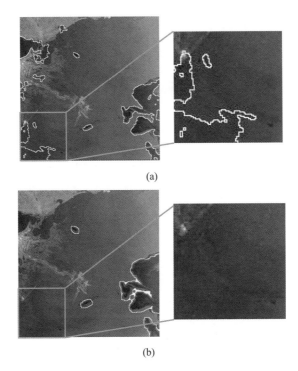

图 2-22　美国墨西哥湾的溢油区候选区虚警剔除结果

(a) SAR 溢油候选区提取结果图及局部放大图;(b) SAR 溢油候选区虚警剔除结果图及局部放大图。

(4) 基于多核 SVM 的溢油区域判别。

由于溢油目标具有复杂性和多样性,利用单一特征进行分类很难得到较好的分类效果,因此选择基于多核 SVM 的溢油区域判别方法。通过提取多维特征,利用多核学习算法进行训练,根据不同特征的特点选择核函数和核参数,以达到最优的分类性能。与单核学习相比,多核学习可以提高分类精度,鲁棒性更强。因此,溢油区域判别采用多核学习算法对溢油区域进行精细判别。利用此溢油检测算法对多场景的溢油区进行检测,结果如图 2-24、图 2-25 和图 2-26 所示。

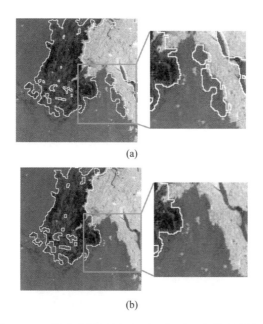

图 2-23　韩国西北海域的溢油区候选区虚警剔除结果

(a) SAR 溢油候选区提取结果图及局部放大图;(b) SAR 溢油候选区虚警剔除结果图及局部放大图。

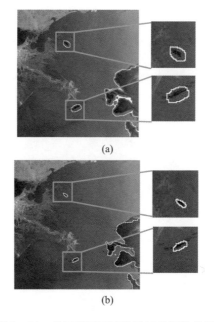

图 2-24　美国墨西哥湾的溢油检测结果图

(a) SAR 溢油候选区虚警剔除结果图及局部放大图;(b) SAR 溢油检测结果图及局部放大图。

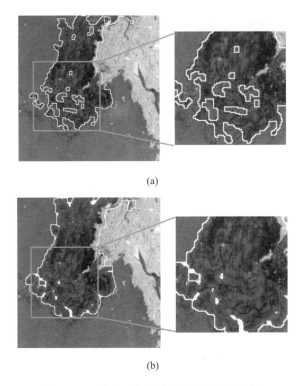

图 2–25　韩国西北海域的溢油检测结果图

(a) SAR 溢油候选区虚警剔除结果图及局部放大图；(b) SAR 溢油检测结果图及局部放大图。

针对现有 GF–3SAR 图像的精细条带 2 模式（10m 分辨率）和全极化条带 1 模式（8m 分辨率）的溢油数据进行溢油区域目标检测，检测结果如图 2–26 所示。

2.3.1.2　基于 SAR 图像的在轨水域检测

传统的 SAR 图像水域检测方法存在运算量大、鲁棒性不足等问题，易受建筑阴影、山体阴影、水体表面粗糙度等影响。针对复杂场景的 SAR 图像水域检测，最主要的问题是水域的特征描述和虚警剔除。本节提出了两段式水域检测方法，基于视觉词袋（Bag of Visual Word, BOV）[16] 表示的水域候选区提取和基于拓扑描述子的虚警剔除技术，SAR 图像水域检测流程图如图 2–27 所示。

1）基于词袋表示的候选区提取

水域候选区提取需要分为以下 4 个步骤。

（1）匀质区域分割。

首先采用基于形态学梯度分水岭的匀质区域分割算法，利用分水岭算法将

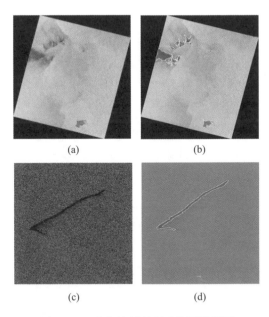

图 2-26 东海海域的溢油检测结果图

(a)精细条带 2 模式图像溢油检测原图;(b) 精细条带 2 模式图像溢油检测检测结果;
(c) 全极化条带 1 模式图像溢油检测原图;(d) 全极化条带 1 模式图像溢油检测检测结果。

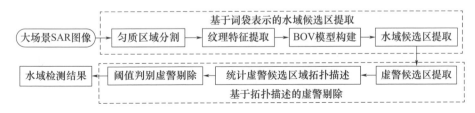

图 2-27 SAR 图像水域检测流程图

SAR 图像分割成小的匀质块。然后用形态学膨胀处理原始图像的结果减去原始图像,有

$$g = f \oplus SE - f \qquad (2-4)$$

式中:g 为形态学处理后的图像;f 为原始的 SAR 图像;SE 为形态学结构元素。

(2)纹理特征提取。

为了精确地描述候选区特征,结合空间域和频域的纹理特征,灰度共生矩阵(Gray Level Co-occurrence Matrix,GLCM)[17]描述的是空间纹理特征,小波变化可以分解每一个匀质区域,从而获取一个 7 维的小波变换能量特征向量。

(3)构建 BOV 模型。

BOV 是一系列图像特征的描述子,每一个描述子都可以看作一个视觉词袋。通过非监督 K 均值快速收敛聚类方法来构建 BOV。根据最小欧几里得距离将提取的纹理特征分成 K 类,每一类纹理特征的均值都是一个视觉词袋中心。K 个视觉词袋构成了视觉词袋模型。

从手动标记的水域和非水域获取训练样本,并构建基于视觉词袋的频域直方图。将水域候选区用基于最小欧几里得距离的视觉词袋表示。水域和非水域的视觉词袋直方图的统计信息可以分别用 P_{water} 和 $P_{\text{non-water}}$ 表示。

(4)水域候选区提取。

水域候选区提取采用视觉频域直方图和贝叶斯分类器来检测匀质水域。通过提取检测区域的纹理特征,并用基于最小欧几里得距离的视觉词袋表示。通过贝叶斯后验概率公式计算水域概率,有

$$P(\text{water}|u) = \frac{\alpha P_{\text{water}}(u)}{\alpha P_{\text{water}}(u) + (1-\alpha) P_{\text{non-water}}(u)} \quad (2-5)$$

式中:α 为先验概率;u 为视觉词袋。当 $P_{\text{water}}(u) \geqslant T$ 时,该区域为水域,否则为非水域。利用基于视觉词袋表示的水域候选区提取,结果如图 2-28 和图 2-29 所示。

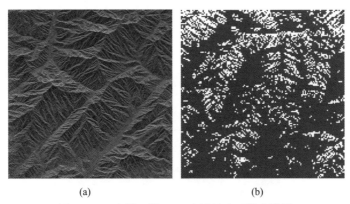

(a)   (b)

图 2-28 山脉区域 SAR 水域候选区提取结果

(a) SAR 原图;(b) SAR 水域候选区提取结果图。

2)基于拓扑描述子的虚警剔除

针对基于视觉词袋提取的水域目标候选区域,由于每个连通区域的面积大小差异较大,仅利用孔洞数目很难准确地描述候选区域的整体拓扑结构特征。因此,采用一种改进的拓扑描述子进行候选区虚警剔除,即利用每个连通区域

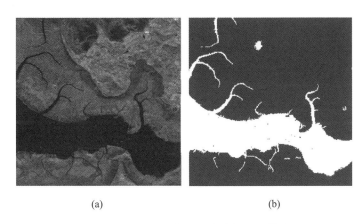

图 2-29 河流区域 SAR 水域候选区结果

(a) SAR 原图;(b) SAR 水域候选区提取结果图。

中孔洞的像素点数占整个连通域总像素点数的比例,作为拓扑描述子来描述每个连通区域的结构特征。这种基于统计的拓扑描述子能够很好地避免目标候选区域面积的影响,且能够更加准确地表征一个连通区域。

(1) 虚警候选区域提取。

由于复杂场景的 SAR 图像中可能存在较大面积的水域,也可能只存在面积较小的水域或不存在水域。为了提高算法的适应性又避免漏检,首先提取虚警候选区域,即根据先验知识,虚警的面积一般较小,因此通过多次实验预先选择一个与输入图像的大小有关的比例系数 k。

分别计算水域候选区和整个 SAR 图像的灰度均值。为了从目标候选区提取虚警区域,需要计算每一个连通域的像素个数,将较小的连通区域作为虚警,并计算虚警区域的均值。假设原图像的大小为 $M_0 \times N_0$,那么提取虚警候选区域的面积阈值 S_0 为

$$S_0 = k \times M_0 \times N_0 \quad (2-6)$$

(2) 统计虚警候选区域拓扑描述子。

提取目标候选区的灰度均值,记为 μ_1,以及虚警候选区域的灰度均值,记为 μ_2。利用形态学膨胀操作对虚警候选区域进行内部的孔洞填充。

对形态学填充之后的虚警候选区域进行连通域标记,并计算每个连通域像素点总个数记为 $N_i, i = 1, 2, \cdots, L$,其中 L 为连通区域的总个数,并统计每个连通域中每个像素点对应的灰度值大于均值 μ_1 的像素点个数 p。这是由于虚警暗斑的面积会影响 p 值的大小,即对于面积较大的暗斑,即使孔洞个数远少于

小面积暗斑的孔洞个数,统计得到的 p 值也可能远大于小面积暗斑统计的 p 值个数,因此直接利用 p 值无法准确描述连通区域的拓扑结构特征。为了消除暗斑面积的影响,对 p 值进行归一化处理,因此每个连通区域的拓扑描述子的计算公式可表示为

$$J_i = \frac{p}{N}(i=1,2,3,\cdots,L) \qquad (2-7)$$

式中:L 表示连通区域的总个数。

计算所有连通区域拓扑描述子的均值,计算公式为

$$\mu_J = \frac{\sum_{i=1}^{L} J_i}{L} \qquad (2-8)$$

(3)阈值判别虚警剔除。

由于虚警区域内部包含大量的空洞,而这些空洞的像素值是大于均值 μ_J 的,所以统计的虚警拓扑描述子像素点均值要大于水域的拓扑描述子像素点均值,如果计算所有拓扑描述子像素点的均值,那么可知虚警的拓扑描述子像素点灰度值通常大于 μ_J,而水域的拓扑描述子像素点灰度值小于 μ_J。因此,在进行虚警剔除时,为了保证避免漏检,同时又使算法满足自适应性,选择 μ_J 为判别虚警的阈值。图 2-30 所示为虚警区域二值图与水域二值图。

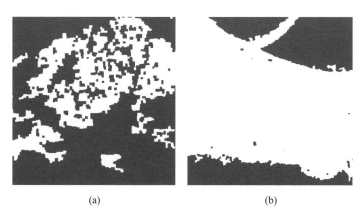

图 2-30 虚警区域二值图与水域二值图
(a)虚警二值图;(b) 水域二值图。

利用整个水域检测算法得到最终的水域信息。对山脉区域和河流区域的 SAR 水域检测结果如图 2-31 和图 2-32 所示。

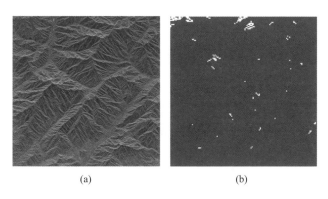

图 2-31　山脉区域 SAR 水域检测结果

(a) SAR 原图;(b) SAR 水域检测结果图。

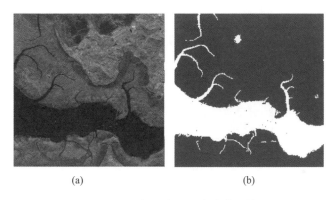

图 2-32　河流区域 SAR 水域检测结果

(a) SAR 原图;(b) SAR 水域检测结果图。

2.3.2　基于 SAR 图像的小目标检测分类

作为一种主动式微波传感器,SAR 可以全天候、全天时、大覆盖面积地获取数据,所以 SAR 图像中海面船只检测被广泛应用于海洋监视及海防预警中[18]。在轨 SAR 图像小目标检测分类主要针对海上船只目标,其像素点数量少,候选区提取难度大;同时,人工建筑、油井和孤立的小岛等大部分在形状、几何特征上与目标相似,极易产生虚警。依靠低复杂度特征或单一的虚警剔除策略,难以有效鉴别目标与虚警。因此,本节提出利用目标复杂的细节特征构建多层级虚警剔除策略,以实现 SAR 小目标的低虚警、低漏检、高效检测。

2.3.2.1　基于 SAR 图像的船只目标检测

在 SAR 船只检测的持续深入研究过程中,基于恒虚警率(CFAR)的检测技术逐渐成为最基本也是最有效的解决方法[19],随后一系列的基于 CFAR 技术的船只检测技术[20]被相继提出。然而,这些方法单单致力于利用目标与背景的强度特征差异将船只从周围环境中分离出来,却忽略了 SAR 图像真实存在的许多虚警因素,严重影响了检测的性能。在实际检测视场中,大量复杂的虚警产生了各种各样的特征,而单一的虚警去除方案通常无法得到预期的效果。考虑到此类问题,本节设计了一种用于去除虚警的级联方案。其关键思想是:首先,利用简单有效的外观特征来去除大部分的非船只目标;然后,提取候选目标周围更加复杂的上下文特征,以剔除低质虚警目标。利用真实的各类复杂场景星载 SAR 数据进行定性和定量的试验,试验表明级联方案可以明显提高船只检测精度。

本节提出的 SAR 船只检测方法可分为两个主要阶段,包括船只候选目标提取和级联虚警去除。船只检测算法的完整框架如图 2-33 所示。

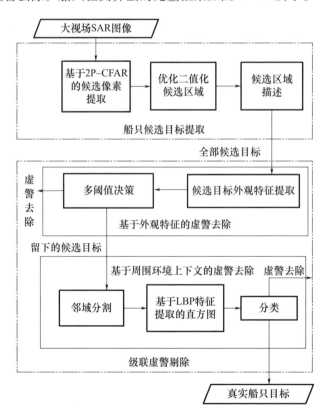

图 2-33 船只检测算法完整框架示意图

1) 船只候选目标提取

众所周知,候选区域提取是有效的 SAR 自动目标识别(ATR)系统中的第一步也是很重要的一步[21],旨在以尽可能低的漏检,在整个视场中快速选择目标候选区域。传统双参 CFAR 检测器(2P – CFAR)广泛应用于 SAR ATR 的研究中,以避免 SAR 图像中由斑点噪声引起的大量虚警。在 2P – CFAR 中待检测像素周边区域被分为保护区与背景杂波区,如图 2 – 34 所示。

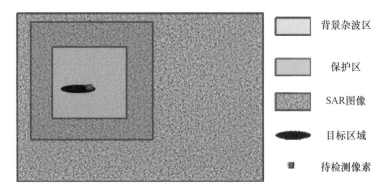

图 2 – 34 2P – CFAR 检测算子

假设背景杂波为高斯分布,首先计算背景杂波区域的均值与方差,判定待检测像素是船只或背景,有

$$待检测像素 = \begin{cases} 目标 \dfrac{X_t - \hat{\mu}_c}{\hat{\sigma}_c} \geq T_{\text{CFAR}} \\ 背景 \dfrac{X_t - \hat{\mu}_c}{\hat{\sigma}_c} < T_{\text{CFAR}} \end{cases} \quad (2-9)$$

式中:X_t 为待检测像素的灰度值;$\hat{\mu}_c$ 与 $\hat{\sigma}_c$ 为背景杂波区域的均值与方差;T_{CFAR} 由参考虚警率决定,在此设定为 10^{-4}。

在获取二值船只候选区后,在 2P – CFAR 结果中使用一系列形态学膨胀与腐蚀操作进行优化。例如,使用膨胀操作连接断裂候选目标,使用腐蚀操作去除孤立的像素点。之后,使用连通域标记对候选区进行标号。例如,$L_k \times W_k$ 大小的切片表示第 k 个二值候选区感兴趣区域的提取结果,L_k 为第 k 个联通候选区最小外接矩形的长边长。

2) 级联式虚警剔除策略

需要注意的是,作为一种自上而下的方法,2P – CFAR 算法不能够从全部的候选区中鉴别出真实的船只目标,因此本节设计了级联式策略去除虚警。该策略不仅能够极大程度地剔除虚警,而且降低了整体检测时间。在整个虚警剔除阶段,目标外观与上下文特征这两类具有显著区别性的特征被引入级联式虚警剔除策略,其核心思想为:首先,采用简单有效的船只候选区外观特征剔除绝大多数虚警;然后,采用更加复杂的候选区邻域上下文特征去除剩余的小部分虚警。

(1) 基于外观特征的虚警剔除。

在人类视觉系统中,目标的外观是目标识别的重要依据,在某种程度上能够表征不同类别间的差异。在高分辨率 SAR 图像中,船只目标呈现近似矩形的形状。因此在虚警剔除时,采用一些简单有效的外观特征用于去除绝大多数的虚警。为此,需要提取候选区感兴趣区域(ROI)的外观特征。

① 最小外接矩形长宽比 R_{LS},由候选区最小外接矩形的长宽获得。

② 目标区域面积 S_T,由联通候选区像素个数计算。鉴于待检测船只的尺度,有范围限定,可根据任务需求用此特征去除过大或过小的候选区。

③ 形状因子可表示为 $Z_T = S_T/P^2$,其中:P 为候选区直径。候选区形状复杂度越低,该值越高,反之越低。

鉴于上述三个特征能够直观地反映船只的外观特征,因此可以选择阈值策略快速去除绝大多数的虚警,具体可描述为

$$R_{LS} \geqslant T_{\text{den}}; S_L \leqslant S_T \leqslant S_H; Z_T \geqslant T_{LS}$$

式中:S_L, S_H 为面积的上下限;T_{den} 为长宽比的决策阈值;T_{LS} 为形状因子的决策阈值。通过多阈值决策,根据外观特征,能够去除绝大多数的虚警,从而保证少量的候选区进入后续的上下文分析。

(2) 基于邻域上下文的虚警剔除。

在人类视觉系统中,上下文特征在低质量图像目标识别中起到了积极作用,并且一些上下文特征计算模型已经成功应用在目标检测任务中。本节通过以下三个步骤分析目标周围的上下文特征,包括邻域划分、基于直方图的 LBP 特征提取与分类。

① 邻域划分。对于剩余的第 j 个候选区,可以获得其邻域 B_j,该邻域与候选块有相同的宽度,如图 2 - 35 所示。

② 基于直方图统计 LBP(局部二值模式)的特征提取[22]。经过外观特征筛选后的船只目标与虚警具有特定的邻域上下文属性,为了有效区分二者的差异,本节采用具有强大鉴别能力与低计算复杂度的 LBP 局部描述子技术,对候选区域的上下文特征进行编码描述。

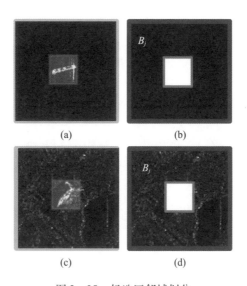

图 2-35 候选区邻域划分

(a)船只实例;(b)船只邻域区域;(c)虚警实例;(d)虚警邻域区域。

基于直方图统计的 LBP 算子提取计算公式为

$$\text{LBP}_{P,R} = \sum_{i=0}^{P-1} s(g_i - g_c) \cdot 2^i \quad (2-10)$$

$$s(x) = \begin{cases} 1, x \geqslant 0 \\ 0, x < 0 \end{cases} \quad (2-11)$$

式中:g_c 为局部邻域中心像素灰度值;g_i 为第 i 个邻域像素的像素值;P 为邻域像素的总个数;R 为邻域圆的半径,即中心像素与邻域的距离。

均衡化的 LBP 算子实质上是求空间变换(0/1 变化)的次数,提取过程计算公式为

$$U(\text{LBP}_{P,R}) = \sum_{i=0}^{P-1} |s(g_{(i+1)\bmod P} - g_c) - s(g_i - g_c)| \quad (2-12)$$

式中:mod 为求模操作。

基于上述计算规则的均衡化 LBP 直方图计算公式为

$$\text{LBP}_m = \begin{cases} \text{LBP}_{P,R}, U \leqslant 2 \\ 0, U > 2 \end{cases} \quad (2-13)$$

第 j 个邻域 B_j 的 LBP 直方图由均衡化 LBP_m 编码获取,LBP 二进制直方图中第 m 个值加起来为二进制 LBP_m,计算公式为

$$H_{j,p} = \sum_{(x,y) \in B_j} 1 - \delta((\text{LBP}_m(x,y) \gg p) \& 1) \quad (2-14)$$

式中:$\delta(v)$为δ方程,如果$v=0$,函数值返回1,否则返回0;">>"为移位操作; "&"为按位求与操作。

对提取的LBP直方图进行归一化,其定义为

$$F_{j,p}^{\mathrm{LBP}} = \frac{H_{j,p}}{\sum_{p=0}^{P-1} H_{j,p}} \quad (2-15)$$

对于每一个候选区邻域,可以获得其相应的LBP直方图。基于LBP直方图,提取多种统计特征,例如均值、标准差、偏斜度、峰值,将提取特征组成特征向量V_j用于下述分类步骤。

③分类。采用径向基核函数支持向量机(SVM)在剩余的候选区中剔除虚警。

本节采集整理了一系列真实的GF-3数据(超精细条带模式,3m分辨率)对以上提出的船只检测算法进行了测试。在实验中,数据分为训练ROI数据(TRD)与测试数据(TD)。TRD从实验数据中手工收集而来,其中包含1211个典型的虚警与233个船只候选区。这些数据被用于训练外观分析阶段的决策阈值。同时训练数据的邻域,用于在上下文分析阶段训练SVM分类模型。TD由远洋与海岸场景共31幅8192pixel×8192pixel的图像构成。采用召回率(recall)与1-精度(1-precision)来评估TD数据集的检测效果,定义为

$$\mathrm{recall} = N_{dt}/N_{ms} \quad (2-16)$$

$$1 - \mathrm{precision} = N_{dt}/(N_{dt} + N_{df}) \quad (2-17)$$

式中:N_{dt}为检测到船只个数;N_{df}为虚警数;N_{ms}为TD数据集中的船只数目;recall为算法的检测能力;1-precision为虚警剔除能力。

为了全面有效评估级联式虚警剔除策略,本节统计船只检测算法每一阶段的recall与1-precision,效果评估如表2-2所列。相比于候选区提取阶段,两个虚警剔除子阶段的recall与其基本一致,反映了虚警剔除策略能够有效地保持低的漏检率。另一方面,作为一种纯粹的自下而上的方法,2P-CFAR在真实的SAR场景下有着较高的1-precision,在加入级联式虚警剔除技术后,1-precision显著降低。绝大多数虚警在使用简单的外观特征进行虚警剔除后明显减少,使用更为复杂的场景上下文特征可以进一步剔除较难剔除的虚警。根据上述分析可知,本方案可以同时获得较高的检测率与低虚警率。

表 2-2　检测算法效果评估

算法阶段	2P‑CFAR	外观分析	上下文分析
Recall	93.83%	93.27%	92.13%
1‑Precision	52.78%	30.62%	23.16%

图 2-36 为本节所述的船只检测算法的图像标记结果。其中，黄色箭头为人工标注船只，白色方框为 2P‑CFAR 阶段的检测结果，绿色框代表利用外观进行虚警剔除的结果，红色框为经过上下文特征完成虚警剔除的最终结果。

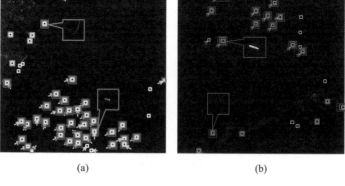

图 2-36　船只检测算法的图像标记结果(见彩图)
(a) 近岸密集船只群检测结果；(b) 远岸船只检测结果。

2.3.2.2　基于 SAR 图像的船只目标分类

利用遥感图像进行船只目标分类时，可获取的不同类型船只样本小且不同类型间数量差异大，出现训练样本不平衡、利用单一类型特征难以高效统一表征典型船只特性、分类器难以适应目标类内差异性等问题。这些问题导致传统单一类型特征结合分类器的模式在处理 SAR 图像目标分类时，其特征不能全面准确地描述不同类型目标间的差异，从而影响分类结果精度。因此本节采用基于旋转核轻小型网络的分类算法，对 SAR 船只目标进行分类处理；同时，采用基于球空间损失函数的样本差异训练策略，拟合出最佳模型参数，以有效解决遥感目标分类中的目标间易混淆问题。

1) 基于旋转核轻小型网络的分类算法

考虑到在轨计算资源限制与时效性要求，从提升多类型、多方向船只目标辨识性能角度出发，开发轻小型深度旋转不变学习网络模型，降低运算量，实现 SAR 船只目标分类处理，如图 2-37 所示。

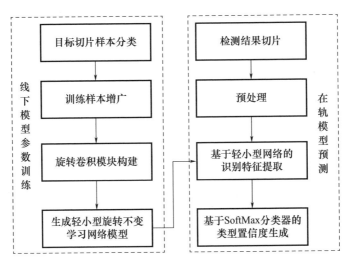

图 2-37 基于旋转核轻小型网络的分类算法流程图

主要步骤如下：

(1) 训练样本增广。

此模块中主要解决两个问题。第一，在利用深度学习进行模型构建与参数训练中需要大量的训练数据，若数据量少，易导致模型过拟合，影响模型泛化性能。而在实际任务中，可获取样本量远不能满足训练需求。第二，可获得样本数目不平衡，船只类型样本数目差异较大。

针对上述两个问题，采用数据增广策略解决训练数据不足的问题，具体包括切片图像加高斯噪声、等间隔角度目标旋转、目标尺度缩放、目标平移操作，增加训练样本数量。

(2) 旋转核轻小型网络构建。

遥感图像中的船只目标方向性强，若采用传统的深度卷积神经网络则需要对图像进行旋转增强。网络学习旋转需要大量的网络参数和训练样本，这会带来网络参数量大、训练周期长、过拟合等问题。此外，训练数据没有得到充分利用，因为有限的样本数据被隐式地分割成训练子集，从而增加卷积模板欠拟合的可能性。因此，从卷积神经网络本身出发，在解决方向性问题的同时，需要不增加参数量。

针对目标方向性强的问题，本节采用旋转卷积模板的方式来生成具有方向信息映射的特征通道，该特征通道明确地编码遥感图像中特定目标的位置和方向信息。

在卷积过程中，每个原始卷积模板旋转 N 个方向并产生相应的特征图以捕获来自多个方向的特征响应，如图 2-38 所示。具有方向通道的特征图携带方向信息响应以组成高级层次化网络结构,赋予深度卷积神经网络捕捉全局/局部旋转的能力,以及对从未见过的旋转样本的泛化能力。同时,N 个卷积模板在网络前向传播时生成,网络参数量可以降低到 $1/N$。

在训练过程中,旋转卷积参数更新方法可表示为

$$\Gamma_x \leftarrow \Gamma_x - \eta \frac{\sum_{k=0}^{N-1} \delta^{(k)}_{(x+k)\bmod N}}{N}, x = 0,1,\cdots,N-1 \qquad (2-18)$$

式中:Γ_x 为旋转前的卷积模板第 x 个位点的参数;$\delta^{(k)}_{(x+k)\bmod N}$ 为卷积模板 Γ 的第 k 个旋转卷积模板上第 x 位点的梯度差;N 为旋转数;η 为学习率。

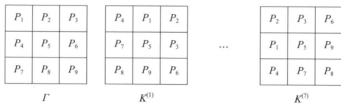

图 2-38　方向卷积模板

(3) 基于轻小型网络的识别特征提取。

在实际目标识别处理阶段,使用构建的神经网络模型对检测结果切片进行特征提取。相比传统特征提取技术,深度学习识别特征更具有任务针对性,对不同类型目标特征差异描述更加准确。

(4) 基于 SoftMax 分类器的类型生成置信度。

基于特征学习网络提取的深层次特征,采用 SoftMax 分类器对 SAR 目标切片进行类型判定,并给出目标判别结果的置信度,优先下传关注目标切片。分类结果示意图如图 2-39 所示。

2) 基于球空间损失函数的样本差异训练策略

损失函数的梯度对于特征的学习行为有重要影响。本节采用球空间损失函数对网络进行优化训练,解决目标样本类内差异大的问题,大幅提高网络的泛化能力。

(1) 引入角度优化。

与角度损失类似,本节在特征空间中构建三元组及直角三角形模型。如图 2-40 所示,建立以 c 为圆心,以 $\|c_{y_i} - f_i\|$ 为半径的超球体 $\odot c_{y_i}$;作超平面 H 与 $c_{y_i} - c_{k_i}$ 垂直,并与超球体 $\odot c_{y_i}$ 相交于 f'_i;在由 c_{y_i}、c_{k_i} 与 f'_i 构成的直角三角形模型中,定义关于角度 $\hat{\gamma}$ 的正切函数 $\tan \hat{\gamma}$。显然,$\tan \hat{\gamma}$ 与特征 f_i、f'_i 的场景类中心 c_{y_i} 以

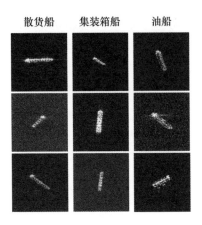

图 2-39 船只类型分类结果示意图

及距f_i最近的不同场景类别中心c_{k_i}相关[23]。$\tan \hat{\gamma}$定义为

$$\tan \hat{\gamma} = \frac{\|f_i - c_{y_i}\|}{\|c_{y_i} - c_{k_i}\|} \leq \tan \hat{\beta} \qquad (2-19)$$

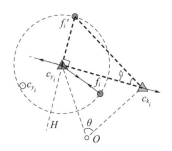

图 2-40 引入角度优化示意图

式中:$\hat{\beta}$为预设的角度$\hat{\gamma}$的上界。通过最小化正切函数$\tan \hat{\gamma}$的等价形式来优化特征和中心之间的关系$\tan \hat{\gamma}$。$\tan \hat{\gamma}$的等价形式可称为改进的中心损失L_{mc},有

$$L_{mc} = \frac{1}{2}\max\left(\|f_i - c_{y_i}\|_2^2 - \|c_{y_i} - c_{k_i}\|_2^2 \cdot \tan^2 \hat{\beta}, 0\right) \qquad (2-20)$$

由于正切函数$\tan \hat{\gamma}$是分式形式,其主要关注表达式中分子和分母的关系,而忽略了特征和中心之间的绝对关系。因此,即使$\tan \hat{\gamma}$的值被模型优化到了非常小,也未必能保证深度网络所提取的遥感场景特征具有足够的可区分度。向$\tan \hat{\gamma}$中引入一个常数值来提升损失函数对于绝对关系的关注,是一个很直观且容易想到的方法,有

$$\tan \hat{\gamma} = \frac{\|f_i - c_{y_i}\| + \ell}{\|c_{y_i} - c_{k_i}\|} \leq \tan \hat{\beta} \qquad (2-21)$$

但是，ℓ与特征和中心都没有任何的逻辑联系。因此，在ℓ的参与下，深度网络将学习到什么样的特征和中心的分布式不可预测。不仅如此，选择一个合适的ℓ值也很困难。

（2）引入均匀分布系数。

本节为获得所需要优化的正切函数而引入均匀分布系数，以引导特征空间中的中心在超球面上均匀分布。场景类别中心的均匀分布，与特征之间类间距离的最大值紧密相关。因此，希望引导中心形成均匀分布，从而使彼此靠近的中心彼此分离。而特征追随自己的同类的中心移动，这样不同类别原本相互重叠的特征簇得到分离，即增大了类间距离。

任意两个中心之间的最大类间距离，可以根据特征维数D和分类类别数N提前计算得到。因此，可采用最大最小角θ_{mm}来表示均匀分布系数ℓ，然后ℓ与正切函数一起进行优化。换句话说，通过均匀分布状态下理论计算出来的ℓ是一个目标明确的引导系数，来指导各个中心的移动，以形成均匀分布[23]。

要引入均匀分布系数ℓ，需要构建各场景类别所分布的超球面。如图2-41所示，定义超球体$\odot O$，其球心为特征空间原点O。球体的半径R定义为

$$R = \frac{1}{N}\sum_{j=1}^{N}\|c_j\|_2 \qquad (2-22)$$

式中：N为遥感场景类别数。接着，将各场景在特征空间的中心，一一映射到超球面上，有

$$\hat{c}_j = R\frac{c_j}{\|c_j\|_2} \qquad (2-23)$$

式中：向量$\hat{c}_j$为映射到超球面上的第j类遥感场景上的中心。在超球面上的中心达到均匀分布时，任意两个中心之间的欧式距离为$2R\sin(\theta_{mm}/2)$。

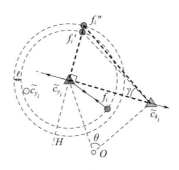

图2-41 引入均匀分布系数

给定待分类类别总数和特征维度后，θ_{mm}可在网络训练前计算。例如，AID数据集的类别数为30，VGGNet16的输出特征维度为4096，则θ_{mm}设为90°。在中心形成均匀分布后，$\|\hat{c}_{y_i} - \hat{c}_{k_i}\|$也必然达到其最大值。由于$\|\hat{c}_{y_i} - \hat{c}_{k_i}\|$是构成正切函数的重要一项，因此选择用$\|\hat{c}_{y_i} - \hat{c}_{k_i}\|$的最大值来表示均匀分布系数$\ell$，有

$$\ell = \frac{1}{2}\|\hat{c}_{y_i} - \hat{c}_{k_i}\|_{\max} = R\sin\frac{\theta_{mm}}{2} \qquad (2-24)$$

式中：ℓ取$\|\hat{c}_{y_i} - \hat{c}_{k_i}\|_{\max}$的一半，这是因为式(2-24)中$\tan\hat{\gamma}$仅考虑了中心$c_{y_i}$及其对应的类内特征$f_i$，而没有考虑中心$c_{k_i}$的类内特征。

下面将重新建立几何关系，把ℓ引入正切函数。首先定义以$\hat{c}_{y_i}$为圆心，$\|\hat{c}_{y_i} - f_i'\| + \ell$为半径的超球体$\odot\hat{c}_{y_i}$。然后超平面$H$与$\odot\hat{c}_{y_i}$相垂直，与$\odot\hat{c}_{y_i}$相交于$f_i''$。在由$\hat{c}_{y_i}, \hat{c}_{k_i}$与$f_i''$构成的直角三角形中，定义正切函数$\tan\gamma$为

$$\tan\gamma = \frac{\|f_i - \hat{c}_{y_i}\| + \ell}{\|\hat{c}_{y_i} - \hat{c}_{k_i}\|} = \frac{\|f_i - \hat{c}_{y_i}\| + R\sin\left(\frac{\theta_{mm}}{2}\right)}{\|\hat{c}_{y_i} - \hat{c}_{k_i}\|} \leq \tan\beta \qquad (2-25)$$

式中：β为角度γ预设的上限。与前述相似，通过最小化公式来优化$\tan\gamma$，有

$$L_i = \frac{1}{2}\max\left(\left\|f_i - \hat{c}_{y_i}\right\|_2^2 - \left\|\hat{c}_{y_i} - \hat{c}_{k_i}\right\|_2^2 \tan^2\beta + R^2\sin^2\frac{\theta_{mm}}{2}, 0\right) \qquad (2-26)$$

（3）球空间损失函数及SoftMax的联合监督。

在深度神经网络的训练中，由于数据量的庞大，通常采用批量的训练方法。因此，定义式(2-26)为一个批量的均值的球空间损失函数(sphereloss)，以适应批量的训练形式。球空间损失函数L_{sp}可表示为

$$\begin{aligned}L_{sp} &= \frac{1}{2m}\sum_{i=1}^{m} L_i \\ &= \frac{1}{2m}\sum_{i=1}^{m}\max\left(\left\|f_i - \hat{c}_{y_i}\right\|_2^2 - \left\|\hat{c}_{y_i} - \hat{c}_{k_i}\right\|_2^2 \tan^2\beta + R^2\sin^2\frac{\theta_{mm}}{2}, 0\right)\end{aligned} \qquad (2-27)$$

式中：m为批量大小。

本节提出的球空间损失，关注在特征空间中增大不同类别样本的距离，并降低同类样本差异；而SoftMax损失将不同类别的样本图片映射到它们对应的标签中去。联合监督的损失函数L_{joint}可表示为

$$L_{joint} = L_s + \lambda L_{sp}$$

式中：λ为用于在训练中平衡SoftMax损失和球空间损失相互强弱的超参数。

由于船只目标分类存在目标易混淆问题，本节从优化训练策略出发，在保证目标分类网络结构简洁性的基础上，采用球空间损失函数对网络进行优化训

练。基于 GF-3 现有船只数据进行目标分类测试验证,由结果可以得出,在优化训练策略后分类性能有效提升。球空间损失函数应用前后目标识别结果统计如表 2-3 所列。

表 2-3 球空间损失函数应用前后目标识别结果统计

检测条件	应用前	应用后
船只检测率	85.41%	90.90%

2.4 小结

本章围绕微波成像卫星在轨处理方法,从成像算法和目标检测分类两个方面进行论述。在成像算法方面,针对在轨 SAR 多种成像模式综合处理需求及约束提出了一种基于 CS/NCS 的一体化成像处理算法,详细介绍了算法的原理和流程;针对 CS/NCS 算法存在的因子和基于浮点计算的运算量大,而星载处理器体积重量功耗严格受限的难题,提出了基于二维聚焦深度的 CS 算法和基于优化字长运算的处理方法,详细介绍了方法原理和对图像质量的影响。针对 SAR 图像在轨目标检测分类,提出了在轨溢油检测、水域检测和船只目标检测分类的具体在轨处理方案。上述方法均经过实测数据验证,可支持后继工程应用,在实际应用过程中,根据不同载荷和目标特点还可以不断改进。

参考文献

[1] Sherwin C W, Ruina J P, Rawcliffe R D. Some Early Developments in Synthetic Aperture Radar Systems[J]. Military Electronics IRE Transactions on, 1962, MIL-6(2): 111-115.

[2] 张澄波. 综合孔径雷达[M]. 北京:科学出版社,1989.

[3] 袁孝康. 星载合成孔径雷达导论[M]. 北京:国防工业出版社,2003.

[4] Cumming I G, Wong F H. 合成孔径雷达成像——算法与实现[M]. 洪文,胡东辉,译. 北京:电子工业出版社,2007:75-304.

[5] 魏钟铨. 合成孔径雷达卫星[M]. 北京:科学出版社,2001.

[6] Vu V T, Sjogren T K, Pettersson M I. A comparison between fast factorized backprojection and frequency-domain algorithms in UWB low frequency SAR[C]// Proc. IEEE International Geoscience and Remote Sensing Symposium, Boston. 2008:1284-1287.

[7] Tang S, Zhang L, Guo P, et al. An omega-K algorithm for highly squinted missile-borne SAR

with constant acceleration[J]. IEEE Geosci. Remote Sens. Lett. ,2014, 11(9): 1569 – 1573.

[8] RANEY R K, et al. Precision SAR Processing Using Chirp Scaling [J]. IEEE Transactions Geoscience Remote Sensing, 1994, 32 (4): 786 – 799.

[9] LANARI R, et al. Spotlight SAR Data Focusing Based on a Two – Step Processing Approach [J]. IEEE Transactions Geoscience Remote Sensing, 2001, 39 (9): 1993 – 2004.

[10] PRATS P, et al. A TOPSAR Processing Algorithm Based on Extended Chirp Scaling: Evaluation with TerraSAR – X Data [C] // 7th European Conference on Synthetic Aperture Radar. Friedrichshafen, Germany, 2008:1 – 4.

[11] Krieger G, et al. Unambiguous SAR Signal Reconstruction From Nonuniform Displaced Phase Center Sampling [J]. IEEE Geoscience Remote Sensing Letters, 2004, 1 (4): 260 – 264.

[12] 闫雯, 等. 一种补偿因子区域不变的 CS 成像算法[J]. 北京理工大学学报, 2014, 34 (3): 304 – 309.

[13] Yizhuang X, et al. On Finite Word Length Computing Error of Fixed – Point SAR Imaging Processing [J]. Chinese Journal of Electronics, 2014, 23 (3): 645 – 648.

[14] 李军霞. SAR 图像溢油检测与识别方法研究[D]. 北京:北京理工大学,2014.

[15] Fukun B, Jing C, et al. A Hierarchical Method for Accurate Water Region Detection in SAR Images[J]. IEEE The Institution of Engineering and Technology(IET), 2015,10.

[16] Weizman L, Goldberger J. Urban – area segmentation using visual words[J]. IEEE Geosci. and Remote Sens. Lett. , 2009, 6(3): 388 – 392.

[17] Lv W T, Yu Q Z, Yu W X. Water extraction in SAR images using GLCM and Support Vector Machine[C]// IEEE 10th International Conference on Signal Processing (ICSP). 2010: 740 – 743.

[18] Crisp D. The state – of – the – art in ship detection in synthetic aperture radar imagery[J]. Defence Sci. Technol. Org. , Melbourne, Australia, 2004.

[19] Ai J Q, Qi X Y, Yu W D, et al. A new CFAR ship detection algorithm based on 2 – D joint log – normal distribution in SAR images[J]. Remote Sens. Lett. , 2010, 7(6): 806 – 810.

[20] Gambardella A, Nunziata F, Migliaccio M. A physical full – resolution SAR ship detection filter[J]. IEEE Geosci. Remote Sens. Lett. , 2008, 5(4): 760 – 763.

[21] Novak L M, Owirka G J, Netishen C M. Performance of a high resolution polarimetric SAR automatic target recognition system[J]. The Lincoln Laboratory J. , 1993, 6(1): 11 – 24.

[22] Ojala T, Pietikainen M, Harwood D. A Comparative Study of Texture Measures with Classification Based on Feature Distributions[J]. Pattern Recognition, 1996, 29(1): 51 – 59.

[23] 王爵, 基于深度卷积神经网络的遥感图像场景分类算法研究[D]. 北京:北京理工大学, 2020.

第 3 章
光学成像卫星在轨处理方法

3.1 概述

光学成像卫星作为航天遥感数据的重要来源,在国家防灾减灾和国防领域的应用十分广泛。现有光学成像卫星载荷主要包括全色、多/高光谱和红外等类型,成像效果如图 3-1 所示,其中:全色遥感成像分辨率较高,细节特征丰富,适合人工和自动目标解译,因此在目标观测应用中得到广泛使用;多/高光谱遥感成像能够获取地物特有的辨识性光谱信息,有利于特定材质目标的检测与识别;红外遥感成像可以反演物体温度,具有全天时和描述物体温度特性的优势。

随着遥感成像空间分辨率、光谱分辨率和时间分辨率的不断提升,带来卫星载荷数据率成倍增长,光学遥感卫星普遍存在星上无效数据多、压缩图像质量损失、星地传输瓶颈、时效性不足等问题,因此开展光学成像卫星在轨处理技术研究具有重要的意义。

本章针对光学成像卫星的数据特点和图像特征,较为系统地阐述了光学成像卫星在轨处理涉及的各项关键技术。由于现有光学成像卫星主要以全色载荷为主,因此,3.2 节~3.4 节主要介绍了全色遥感数据的在轨处理技术。首先,从剔除无效数据、合理分配星上处理资源的角度,分析并研究在轨预处理技术;其次,为提高遥感数据质量,有效提升地面信息判读效果,研究在轨可见光数据的压缩与质量评价;再次,针对目标高时效信息提取需求,研究了可见光遥感数据在轨目标检测分类技术,提出了相应的在轨处理算法方案。3.5 节介绍了多/高光谱遥感目标检测和天基红外遥感目标检测技术。

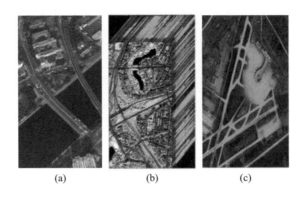

图 3-1 光学遥感成像效果(局部)

(a) 全色遥感图像;(b) 高光谱遥感图像;(c) 红外遥感图像。

3.2 全色遥感数据在轨预处理

遥感数据在轨预处理能有效提高遥感图像质量,减少数据存储量,降低星地数传压力以及为后续的星上数据处理提供海陆信息。在轨预处理一般包含相机成像自主调节、云判处理、海陆分割。

3.2.1 相机成像自主调节

光学遥感卫星相机在采集图像时,经常会受到太阳光照变化、天气变化、地物变化等影响,出现低对比度、亮度不均匀和噪声等图像失真情况,而卫星长时间在轨运行也可能出现相机焦距变化,造成失焦模糊,从而影响成像质量。

为了改善成像质量,需要调节卫星传感器的成像参数。然而,现有卫星工作模式中,传感器的参数,如相机积分级数、增益系数、焦距等,都是人工通过程序上注的,调整一次参数过程繁琐、时效性不足,且往往难以达到最优效果。

为了实现星上相机成像参数自主调节,本节提出了一种基于图像无参考质量评价的相机成像参数建模及自主调节方案。在图像采集端进行实时质量评判,并给出调节方案和具体参数。

1) 遥感图像无参考质量评价

遥感图像常见的质量失真包括噪声、对比度、亮度均匀性及模糊等。本节分别对这几种失真提出相应的无参考评价方法,最后综合在一起得到一个最终结果。遥感图像无参考质量评价的整个流程图如图 3-2 所示。

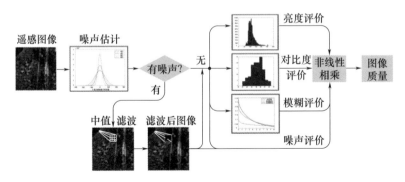

图 3-2　遥感图像无参考质量评价流程图

(1) 遥感图像噪声评价。

考虑到噪声会对 4 种失真类型评价产生影响,因此首先对输入遥感图像进行噪声评估。遥感图像中的噪声一般表现为加性的高频噪声,该种噪声主要出现在图像的高频细节内容部分。因此,对噪声图像进行小波分解时,高频子带会出现大量高频噪声。研究发现:低噪声图像的高频子带系数分布集中,峰值高拖尾长;高噪声图像的高频子带系数分布离散,峰值低拖尾短[1]。如图 3-3 所示,噪声程度依次增加,对应的小波高频子带系数分布分别如图 3-3(e) 中的绿色~紫色曲线,峰值依次降低,并且具有很好的区分性。

图 3-3　不同噪声程度遥感图像的小波分解高频子带系数分布示意图(见彩图)
(a) 遥感图像噪声程度 1 级,噪声方差为 0.015;(b) 遥感图像噪声程度 2 级,噪声方差为 0.050;
(c) 遥感图像噪声程度 3 级,噪声方差为 0.130;(d) 遥感图像噪声程度 4 级,噪声方差为 0.305;
(e) 对应图(a)~(d)的小波分解高频子带系数分布图。

统计变量峰态值可以很好地描述随机变量分布的峰值和平坦度,分布越尖锐越集中,峰态值越大,分布越平坦越离散,峰态值越低[1]。因此,本节提出了一种基于小波子带峰态值的遥感图像噪声评价方法。该算法流程图如图 3-4 所示。首先对图像进行减均值的预处理得到差值图像,以突显出噪声。然后对差值图像做一级离散小波变换,选择变换后的 3 个高频子带组合在一起,并求取组合系数的峰态值。最后利用超限学习机对峰态值进行训练,并预测图像噪声程度评分Q_n。

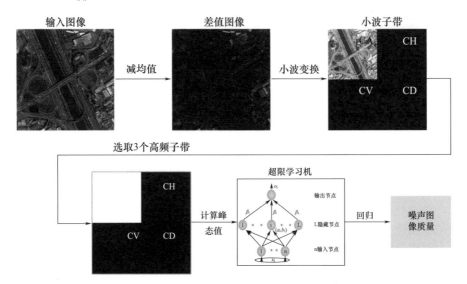

图3-4 基于小波高频子带系数峰态值的噪声评价算法流程图

(2)遥感图像去噪。

如果输入的遥感图像存在加性的噪声,在评价完噪声的影响后,需要滤除掉这些噪声,即对图像进行去噪。图像去噪的方法很多,其中,中值滤波对加性噪声滤除效果很好,复杂度很低,计算简单,可以实时实现。对于二维序列$\{X_{ij}\}$(例如图像)进行中值滤波,滤波窗口也是二维的[2],则二维数据中值滤波可以表示为

$$Y_{i,j} = \underset{A}{\mathrm{Med}}\{X_{ij}\} \quad (3-1)$$

式中:A为中值滤波窗口,通常为3×3或5×5大小的窗口;$Y_{i,j}$为滤波后的结果。

(3)遥感图像亮度均匀性评价。

受大气或者太阳照射等的影响,遥感图像的亮度会出现分布不均衡的现象,在图像处理中具体表现为直方图分布不均衡。统计意义上,自然图像的亮度直方图分布满足一个特定的分布且一般会在一个固定的范围内,而有失真的图像的亮度直方图有可能偏离了这个范围。因此,对输入遥感图像进行直方图统计,计算出直方图偏离程度,进而可以对遥感图像亮度均匀性失真进行评估得到图像质量Q_h。

(4)遥感图像对比度评价。

图像对比度是区分图像中目标和背景在亮度或者颜色上的差异大小。统计意义上,自然图像的对比度满足一个特定的分布,而且对比度的大小一般会在一个固定的范围内,而有失真的图像会破坏这种分布,对比度大小也会偏离固定范围。因此,通过量化偏离程度,可以对遥感图像对比度失真进行评估得到图像质量Q_c。图像I的对比度定义有很多种,本节中计算图像对比度用的是均方根(Root Mean Square,RMS)对比度,该对比度定义不依赖于图像空域频率和对比度在图像中的空间分布情况,采用标准差的定义有

$$C_I = \sqrt{\frac{1}{MN}\sum_{i=0}^{N-1}\sum_{j=0}^{M-1}(I_{ij} - \bar{I})^2} \quad (3-2)$$

式中:M 和 N 分别为图像 I 的行和列;I_{ij} 为图像 I 的第 i 行 j 列的像素值;$\bar{I}$ 为图像像素均值。

(5)遥感图像模糊评价。

图像模糊导致物体的边缘被平滑而失去锐度,使得图像结构变得不清晰,既影响视觉效果又破坏图像内容的表达。研究发现,模糊图像的梯度幅值满足威布尔分布(Weibull Distribution),而且随着图像模糊程度的增加,图像梯度幅值越来越小,幅值分布越来越窄,聚集在零值附近的像素点越来越多[1]。图 3-5 所示为一组遥感模糊图像与其对应的梯度幅值分布情况及其威布尔建模的示例。

从图 3-5 可以看到,不同模糊程度的图像,其梯度幅值的威布尔建模具有很好的区分性。基于此,本书提出了一种图像梯度幅值威布尔建模的模糊评价方法。首先对输入图像(灰度)计算其梯度幅值;然后对所得梯度幅值进行威布尔建模,将得到的响应的形状、尺度参数作为图像模糊程度的表征特征;最后通过训练超限学习机回归函数对威布尔特征进行拟合预测,得到图像的模糊评价质量Q_b。

给定任意输入灰度图像 I,其(i,j)位置像素点的图像梯度幅值 $G(i,j)$ 为

$$G(i,j) = \sqrt{G_x^2(i,j) + G_y^2(i,j)} \quad (3-3)$$

$$G_x(i,j) = (I \otimes h_x)(i,j), G_y(i,j) = (I \otimes h_y)(i,j) \quad (3-4)$$

式中:$G_x(i,j)$ 和 $G_y(i,j)$ 分别为(i,j)位置像素点在水平和竖直方向的梯度;$\otimes$ 为卷积运算;h_x 和 h_y 分别为水平方向和竖直方向的梯度滤波算子。图像梯度算子很多,例如索贝尔(Sobel)算子、罗伯茨(Roberts)算子、普雷维特(Prewitt)算子等[1]。本书选用 Prewitt 算子,相应的 h_x 和 h_y 的定义分别为

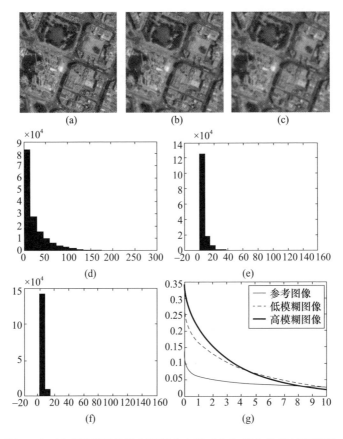

图 3-5 遥感模糊图像梯度幅值分布及威布尔拟合结果(见彩图)

(a) 原始伪彩色遥感图像;(b) 加入高斯模糊的伪彩色遥感图像,高斯模糊核大小为 10;
(c) 加入高斯模糊的伪彩色遥感图像,高斯模糊核大小为 35;(d) 对应图(a)的梯度直方图分布;
(e) 对应图(b)的梯度直方图分布;(f) 对应图(c)的梯度直方图分布;
(g) 对应图(a)~(c)的梯度威布尔拟合结果。

$$\boldsymbol{h}_x = \begin{pmatrix} 1/3 & 0 & -1/3 \\ 1/3 & 0 & -1/3 \\ 1/3 & 0 & -1/3 \end{pmatrix}, \boldsymbol{h}_y = \begin{pmatrix} 1/3 & 1/3 & 1/3 \\ 0 & 0 & 0 \\ -1/3 & -1/3 & -1/3 \end{pmatrix} \quad (3-5)$$

图像梯度幅值 G 的威布尔分布拟合函数为

$$f(G,\beta,\gamma) = \frac{\beta}{\gamma}\left(\frac{G}{\gamma}\right)^{\beta-1}\exp\left(-\left(\frac{G}{\gamma}\right)^{\beta}\right) \quad (3-6)$$

式中:β 和 γ 分别为威布尔分布的形状和尺度参数,可以通过最大似然估计法得到。

(6)遥感图像整体质量。

通过对加性噪声、亮度、对比度和模糊程度进行评估,得到相对应的4个评价值,通过一个非线性权重方程把它们整合在一起得到整体质量Q,即

$$Q = Q_n^\alpha (Q_h Q_c Q_b)^\beta \tag{3-7}$$

式中:权重α和β可以通过训练数据拟合得到。

2)基于质量评价的成像参数调节

通过对上述失真类型及程度在星上进行无参考评价,然后结合像素的灰度极值点,判断图像是否存在失焦、过饱和、过暗/过亮、灰度范围过窄等情况,从而进行相应的在轨自主调参。调参规则大致如下。

(1)图像模糊(模糊评价):自动调节焦距,使其能够恢复图像的清晰度。

(2)图像存在大量饱和区域(亮度均匀性评价):调低增益系数。

(3)图像过暗/过亮(对比度评价):增加/降低积分级数。

(4)图像灰度范围过窄(对比度评价):提高增益系数。

(5)图像过暗且噪点多(对比度和噪声评价):降低感光度,同时增加积分级数。

(6)其他情况:各项参数保持不变。

每个相机需根据调参规则,经过统计获得具体调节量,从而建立相应的模型。为了使成像参数调节过程稳定可靠,需要注意以下情况[3]。

(1)只在图像出现模糊的时候调节焦距。按某个方向调焦,对所拍摄图像进行模糊评估。如果模糊程度变大,则往相反方向调节;否则保持原方向,调节过程由粗到细,直至图像质量变化很小。

(2)需要改变曝光参数时,积分级数和增益只调节一个。

(3)当曝光不足(图像过暗)时,调节积分级数的优先级高于增益。

(4)需要调节积分级数时,只向上或向下调节一档,不跨越两档积分级数调节。

(5)曝光过度(图像过亮)时,增益调节的优先级高于积分级数。如果当前增益系数不为0,则应该首先把增益调节到0。

3.2.2 云判处理

卫星遥感光学图像一般有大量云层覆盖,对于对地观测任务会产生较大影响:一是将有云和无云数据全部下传所占用的带宽比较大,导致数据的时效性比较低;二是在有大量云覆盖的场景中,人工判读筛选有效信息通常需要花费大量的时间与精力,与实际应用中的高时效性不匹配。因此,在轨进行云判处理可以有效解决这些问题。

传统的分块级云判算法只是单纯地将遥感数据不重叠地分块,然后在块的基础上提取特征[4],进行云判,未考虑块之间的上下文知识信息,导致云判结果的虚警率较高。本书提出了基于上下文知识模型的分块级云判结果修正技术。首先采用传统的分块级云判算法进行云初步判别,然后利用云在遥感图像中局部特征的连续性和渐变性对云判结果进行修正,以此来降低云判的虚警,提高云判结果的精度。全色图像星上云判流程如图3-6所示。

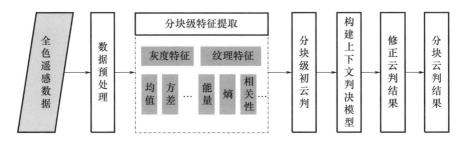

图3-6　全色图像星上云判流程

1)数据预处理

为了更好地适应在轨处理,提高运行速率,首先对原图进行抽样及分块。分块采用有重叠的分块方式,即采用$L \times L$的正方形在光学遥感图像中进行水平和竖直方向的步进,步进量为$L/2$,从而获得多个分块,将这些小分块称为Block。分块示意图如图3-7所示。

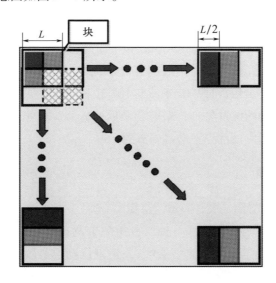

图3-7　分块示意图

2) 分块级特征提取

星上在轨云判系统要求云图特征的提取与选择,具有云与地物的可分性、尺度不变性、计算复杂度低的特性。

(1) 由于云层的多样性和地物的复杂性,云图区域往往需要采用多种特征联合判别,以增加云层与地物在特征空间上的可分性。

(2) 云判系统往往需要对遥感数据进行抽样,以便对计算量进行缩减。这就要求特征不会由于图像的尺度增减而变化,满足尺度不变性。

(3) 由于系统需要满足实时性要求,所选取的特征计算复杂度要求较低。

由于在轨处理特性需求,最常使用的特征一般分为空间域特征和频域特征。空间域特征有均值、直方图求和、直方图方差、纹理共生矩阵、直方图均衡等,频域特征有余弦变换、傅里叶变换、小波变换等。为了适应星上有限的资源与实时性,这里针对每一个 Block 提取灰度特征和纹理特征,并构成特征矢量用于后续的云块识别。

3) 分块级初云判

在实际进行云块与非云块识别时,云块的薄厚不一、亮暗不均匀、非云块背景复杂多变等因素给识别带来很多问题。同时,由于带标签的云与非云样本多,尤其是非云样本量大,导致下载、采集耗时,使得参与分类器训练的样本数量稀疏。鉴于上述问题,将云判分块分为超强云、强云、薄云、混合物、弱地物、强地物和其他 7 种类型,然后采用支持向量机(Support Vector Machine,SVM)作为识别分类器。SVM 是工程应用中常用的稳定的监督型分类器,其运算速度快,在处理非线性数据上具有其他分类器不具备的优势,故而在云块识别算法中采用 SVM 作为分类器,用于识别每一块云候选区。典型分块级初云判场景如图 3-8 所示。

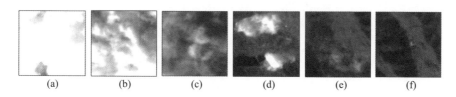

图 3-8 分块级初云判类型

(a) 超强云;(b) 强云;(c) 薄云;(d) 混合物;(e) 弱地物;(f) 强地物。

4) 构建上下文判决模型

利用上下文知识,对 Block 索引矩阵中的判决值进行修正。其中,根据同一

Block 四邻域的判决类型,综合确定 Block 的判决类型。可以采用现有任何一种上下文修正方法对 Block 矩阵进行修正,可以利用马尔科夫随机场(Markov Random Field,MRF)的方法:首先,对一些典型场景中的对象进行标记;然后,根据场景中一个标记对象和其周围相邻对象的一些同现关系建立概率模型;最后,利用这个概率模型,可以对 Block 的判决矩阵中判决不确定的对象(如混合物、弱地物等类型)进行修正。

5)云判结果

利用修正后的 Block 判决类型所标记的云位置,对光学遥感图像进行云剔除,即将 Block 对应的原图位置中所有的像素置零,并输出云检测的结果。

针对全色图像星上云判技术,对 51 景 GF-1、GF-2 等全色图像进行测试,测试图像中包含有云、无云、海上、陆地等各种各样的复杂场景,实验测得此云判算法的检测率优于 93%,虚警率优于 1%。

典型的海上云场景与陆地云场景云判结果示意图如图 3-9 所示。

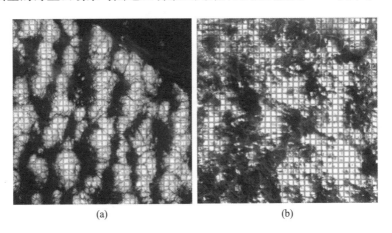

图 3-9 不同场景下云判结果示意图

(a)海上云场景云判结果图;(b)陆地云场景云判结果图。

3.2.3 海陆分割

海陆分割不仅可以用于在轨遥感处理海洋目标检测中排除陆地区域各种地物的干扰,有效地减少陆地虚警,提高在轨处理的性能;也可用于在轨智能数据压缩,以减少不必要的数据传输和处理,提高在轨处理的时效性。因此,如何快速可靠地进行海陆分割是遥感图像在轨处理的关键问题。

目前常用的海陆分割方法主要包括两种:一种是基于图像灰度信息的方

法;另一种是基于实际物理定位信息的方法。其中,基于图像灰度信息的海陆分割方法主要有基于灰度直方图阈值的海陆分割、基于纹理和边缘特征的海陆分割、基于特征融合的海陆分割及基于活动轮廓模型的海陆分割等方法,但是这种方法容易受到海洋成像灰度、海况、复杂地物及各种云况等复杂因素的影响,算法的通用性和鲁棒性较差。基于实际物理定位信息的海陆分割主要是基于已有数据库,结合遥感图像的实际定位经纬坐标数据,实现海陆分割,但是已有海陆数据库的存储量大,数据处理复杂,不适合用于在轨处理。

本节就海陆分割问题,介绍基于数字高程模型(Digital Elevation Model,DEM)聚缩海陆数据库的海陆分割。图3-10所示为基于全球数字高程模型的海陆分割方法流程图。

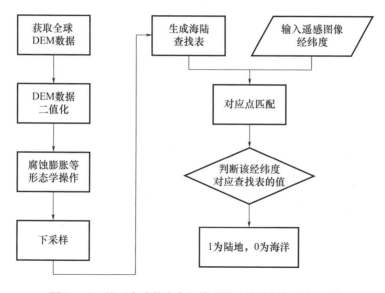

图 3-10 基于全球数字高程模型的海陆分割方法流程图

DEM 实际上是一种表示地面高程的实体地面模型,通过一组有限的地形高程数据,实现对地形曲面的数字化模拟(地形表面形态的数字化表达),在农业、水文、气象、军事以及工程建设等诸多领域得到了广泛应用。基于由数字高程模型构建的海陆查找表可以快速确定陆地区域及海洋区域的位置,快速筛除海洋目标检测中的虚警,具体步骤如下。

1) 全球 DEM 数据获取

2000年2月11日,美国发射的"奋进"号航天飞机上搭载航天飞机雷达地形测绘(Shuttle Radar Topography Mission, SRTM)系统,采集北纬60°至南纬

60°之间,总面积超过 $1.19 \times 10^8 \text{km}^2$ 的雷达影像数据,该范围覆盖地球 80% 以上的陆地表面。采集完成后,经过两年多的数据处理,制成了数字地形高程模型。数据每 5°经纬度方格划分一个文件,共分为 24 行($-60° \sim 60°$)和 72 列($-180° \sim 180°$),每个文件记录该方格左上角的经纬度。本节采用该数字高程模型数据构建海陆查找表。

2)构建基于全球 DEM 数据的海陆查找表

DEM 中的高程信息反映了地面的高程情况,海拔越高数值越大,其中海平面的值为 0,陆地区域的值大于 0,海洋区域的值小于 0。

首先,对原始的 DEM 数据 $I(x,y)$ 进行初步的海陆分割,生成二值图像 $\boldsymbol{BW}(x,y)$。这里将 0 作为阈值对 DEM 数据进行二值化,高程值大于 0 的区域(陆地区域)设置为定值 1,高程值小于等于 0 的区域(海洋区域)设置为定值 0,得到初步海陆分割二值图像,即

$$\boldsymbol{BW}(x,y) = \begin{cases} 1, I(x,y) > 0 \\ 0, \text{其他} \end{cases} \quad (3-8)$$

其次,由于海陆分割是对海陆大结构上的分割,可忽略初步分割结果中的内陆小水域及海洋小岛屿,所以需要对二值图像做进一步处理:

(1)对二值图像进行形态学的开操作,去除孤立的点区域,即内陆中的河流区域和海洋中小的岛屿。

(2)对二值图像进行形态学的闭操作,填充图像中的孔洞。

(3)对二值图像进行形态学的腐蚀操作,对分割结果中的陆地区域进行边界收缩处理,避免由于不可预测因素导致海洋被错划成陆地。

再次,根据实际不同需求,可通过对形态学处理后的图像进行下采样,构建相应精度的海陆查找表。

图 3-11(a)所示为一幅 DEM 数据的原始图像,图像大小为 6000 像素 × 6000 像素,分辨率为 90m;图 3-11(b)所示为初步分割的二值图像(白色代表陆地,黑色代表海洋);图 3-11(c)所示为形态学操作及下采样后的结果图像,图像大小为 300 像素 × 300 像素,分辨率为 1800m。

3)根据海陆查找表进行海陆分割

获取需要海陆分割的遥感图像区域对应点的经纬度,遍历海陆查找表(图 3-12)进行海陆判断,对应值为 1 则判定为陆地,对应值为 0 则判定为海洋,从而实现对遥感数据的海陆分割。

本节为解决海陆分割问题,提出了一种基于 DEM 聚缩海陆数据库的海陆

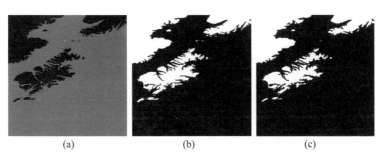

图 3-11 海陆查找表

(a)原始图像；(b)二值图像；(c)结果图像。

分割方法。该方法不受海洋的成像特性及陆地复杂地物的影响，很大程度上屏蔽了复杂地物对在轨处理的影响，且运算量相对较小，能够在有限的在轨资源的条件下实现遥感图像海洋和陆地的分离。

图 3-12 全球海陆库查找表

3.3 全色遥感数据在轨压缩与质量评价

下面针对全色遥感数据在轨压缩方法和压缩质量评价进行论述。

3.3.1 在轨智能压缩方法

1）概述

在轨图像压缩的历史可以追溯到法国的地球观测系统（Systeme Probatoire d'Observation de la Terre，SPOT-1[5]），之后，各国迅速展开了星上图像压缩的研究。通用图像压缩算法被广泛应用于在轨图像压缩领域，包括经典的差分脉冲调制编码(Differential Pulse Code Modulation，DPCM)[6]、联合图像专家组(Joint Photographic Experts Group，JPEG)标准和JPEG2000标准[7]，其中部分卫星采用的在轨压缩标准如表3-1所列。

表3-1 部分卫星在轨压缩标准

卫星名称	所属国家	发射年份	压缩标准
资源2号	中国	2000	DPCM
BilSAT-1卫星	土耳其	2003	JPEG2000
探索1号	中国	2004	JPEG
PASAT卫星	西班牙	2009	JPEG2000
遥感21号	中国	2014	JPEG2000
资源3号	中国	2012	JPEG2000
遥感8号	中国	2009	JPEG2000

由于通用图像压缩算法并没有考虑在轨压缩的应用场景，所以空间数据系统咨询委员会(Consultative Committee for Space Data Systems，CCSDS)数据压缩工作组于1998年对空间遥感图像压缩方案制定提出了建议[8]，认为高性能的星上实时图像压缩系统应满足更多的要求(更大的数据动态范围、实时处理能力、渐进分段传输等)。基于这些要求，CCSDS组织制定了星上图像专用压缩标准CCSDS 122.0-B-1，即CCSDS压缩算法，相比现行的遥感图像压缩标准，CCSDS具有诸多改进与提升，如表3-2所列[12]。

表3-2 CCSDS压缩算法改进内容

序号	算法改进
1	能够以帧方式和非帧方式处理输入的图像数据
2	渐进传输：传输过程中，支持图像分辨率由低至高逐步完成传输
3	可以工作在比较大的动态范围，输入数据比特深度范围为4~16bit
4	实时处理能力，例如输入数据率大于20Mpixel/s
5	少量交互：算法的参数由数据的统计特性自适应调整，无需地面交互
6	分段传输：可对图像进行分段压缩，使得码流具有很强的容错能力

随着空间遥感技术的发展，光学遥感图像分辨率越来越高，单位时间内产生的图像数据量越来越大。然而，遥感图像的传输和存储技术发展相对迟缓。

因此,获得图像后,有必要对图像进行压缩编码处理。对于一幅图像而言,通常只关注其中的一部分区域或目标,即感兴趣区域,而其他区域称为非感兴趣区域。所以,在对图像进行压缩处理时,可以采用感兴趣区域压缩算法,对感兴趣区域进行无损压缩或低压缩比压缩,而对非感兴趣区域采用高压缩比压缩,从而既降低了图像传输对带宽的要求,又减少了感兴趣区域细节信息的丢失[12]。

2) 基于感兴趣区域(Region of Interest,ROI)的遥感图像压缩

目前常用的 ROI 压缩算法主要为 JPEG2000 所提供的基于比例的移位法和最大移位法[9]。这些算法均采用最佳截断嵌入码块(Embedded Block Coding with Optimized Truncation,EBCOT)编码方法,且位平面平移为其关键因素。EBCOT 采用了"压缩后率失真优化"技术,加入了反馈环节,因此执行效率不高,实时性不强;采用位平面平移技术,人为地增多了位平面的数目,使冗余数据输出频率得到提高,从而使冗余数据在低码率码流中的开支大幅增加。

有些学者在 ROI 压缩中引入了多级树集合分裂(Set Partitioning in Hierarchical Trees,SPIHT)编码方法[10-12]。SPIHT 在对系数的分类排序中采用了大量的扫描,这就降低了编码效率。同时,它对所有子带系数进行了统一量化,这就带来了编码冗余。有学者提出,采用剪切波对图像变换后,采用霍夫曼编码方式对变换系数进行编码。但是,霍夫曼编码技术的编码效率不高,并且剪切波属于新兴领域,计算量大,其编码技术不成熟,因此应用于遥感图像的压缩仍有待研究。

3) CCSDS 压缩算法

CCSDS 算法结构简单,易于硬件实现,是一种专门应用于空间遥感图像的压缩标准,在智能遥感图像压缩方面应用前景广阔[12]。CCSDS 压缩算法主要由小波变换和位平面编码(Byte Pair Encoding,BPE)两部分组成,首先对一幅图像进行小波变换,然后对小波系数采用 BPE 方式进行编码。

在压缩一幅图像时,CCSDS 首先采用三级二维离散小波变换对图像进行计算,然后对小波系数进行编码。三级小波变换一共产生 10 个子带,包含 1 个低频子带和 9 个高频子带。其中,低频子带包含图像的结构信息,是原图像的近似表示;而高频子带主要包括原图像的细节信息。低频子带系数一般称为 DC 系数,高频子带系数称为 AC 系数,包括父子孙三代系数。各子带系数之间具有较强的统计相关性,为了充分利用这种相关性,CCSDS 将小波系数分成多个家

族块,每个家族块包括 1 个根系数、3 个父系数、12 个子系数和 48 个孙系数[12],如图 3-13 所示。

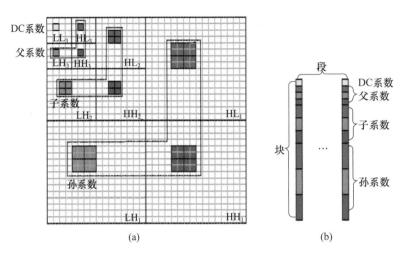

图 3-13 CCSDS 系数结构图

(a) 三级二维离散小波变换示意图;(b) 对应三级小波 CCSDS 编码结构图。

CCSDS 对小波系数编码时,由于各个码段的编码处理是相互独立的,且采用了流水线方式,所以可以同时进行多个码段的编码,即并行处理。但是,任何时刻不会存在两个码段处于同一编码阶段的情况。因此,在编码阶段,只需要缓存一个编码段内的系数即可[12-13]。

编码方面,CCSDS 采用位平面编码技术对小波系数进行编码,每个编码段独立编码,其码流主要由段头码流、DC 系数压缩码流、系数位深压缩码流和 AC 系数压缩码流构成[12]。进行有损压缩时,码流长度越长,图像恢复质量越好,失真度越小;码流长度越短,图像恢复质量越差,失真越严重。为了使压缩具有较好的率失真特性,CCSDS 提供了质量限制和码流限制两种方法来控制图像的码流长度。

CCSDS 压缩算法跟 JPEG2000 一样,都包含了小波变换,但在对小波系数的处理方面,CCSDS 压缩算法另辟蹊径,充分利用各个小波子带系数之间的相关性,采用了一种独特的位平面编码方法。该方法相比 JPEG2000 里的算术编码 MQ,算法复杂度大幅降低,更重要的是,CCSDS 的位平面编码算法可以在各个位平面上并行进行,从而在硬件实现时可以更加充分地发挥硬件并行处理的优势[14],与 JPEG2000 性能比较的峰值信噪比(Peak Signal-to-Noise Ratio, PSNR)和压缩时间结果分别如表 3-3 和表 3-4 所列。

表 3 – 3　PSNR 比较结果　　　　　　　　单位:dB

图像	SPOT – 5 图像				Quickbird 图像			
压缩倍数	4	8	16	32	4	8	16	32
CCSDS	28.15	21.49	18.61	15.13	48.15	41.75	37.32	33.51
JPEG2000	29.08	21.74	18.20	15.97	48.38	40.96	37.24	33.34

表 3 – 4　压缩时间比较结果　　　　　　　单位:ms

图像	SPOT – 5 图像				Quickbird 图像			
压缩倍数	4	8	16	32	4	8	16	32
CCSDS	48.2	54.4	58.7	70.1	51.3	49.9	50.4	60.0
JPEG2000	90.5	82.6	85.8	88.6	78.3	82.0	97.2	88.6

4) 基于 CCSDS 的 ROI 智能压缩算法

CCSDS 编码图像时,将图像进行了分段处理,且段与段之间编码是相互独立、互不影响的。基于此特点,本节提出了一种基于 CCSDS 的 ROI 智能压缩算法:首先对图像进行小波变换之后,提取出 ROI 区域,将 ROI 区域和非 ROI 区域分离开,并将码流按照一定的原则分配给 ROI 区域和非 ROI 区域;然后将两个区域作为两幅独立的图像,分别采用 CCSDS 算法进行压缩,其中 ROI 区域采用无损压缩或低压缩比的有损压缩,而非 ROI 区域采用高压缩比的有损压缩[12]。

图 3 – 14 所示为基于 CCSDS 的 ROI 智能压缩算法流程。经三级小波变换之后,子带 LL3 为图像的低频部分,近似表示了图像,其余子带为图像的高频部分,包含了图像的细节信息。因为子带 LL3 分辨率低,数据量小,对其进行 ROI 检测复杂度远低于对原始图像进行 ROI 检测,因此可对子带 LL3 进行检测,获取 ROI 区域。LL3 子带的 ROI 区域在高频子带的相应位置也属于 ROI 区域,即子带 LL3 的 ROI 区域所属家族块为 ROI 区域家族块[12]。

本书基于伊蒂(Itti)模型提取遥感图像中的 ROI 区域,将图像的多种特征在多个尺度下进行融合,合成一幅显著特征图;在显著图中提取视觉注意点(Focus of Attention,FOA),并通过 FOA 的转移得到一系列的显著目标。ROI 区域提取模型如图 3 – 15 所示。

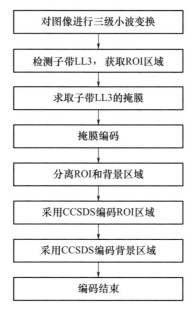

图 3-14　基于 CCSDS 的 ROI 智能压缩算法流程

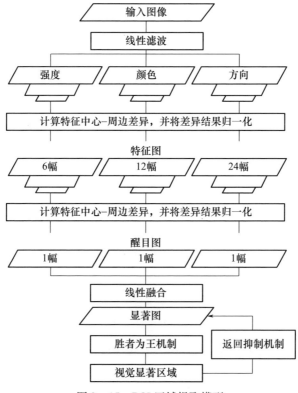

图 3-15　ROI 区域提取模型

将 ROI 区域和非 ROI 区域的家族块分离,组成两个不同的整体,并将两者作为两幅独立的图像,分别采用 CCSDS 进行压缩。由于编码时,ROI 区域和非 ROI 区域独立编码,打乱了原图像家族块的顺序。因此,解码后,需要重新组织各家族块的顺序。在对图像进行压缩时,有必要标识 ROI 区域在图像中的位置。本节采用掩膜编码方式来标识 ROI 区域位置,即:首先在子带 LL3 中,ROI 区域的像素标识为"1",非 ROI 区域的像素标识为"0",从而产生掩膜;然后逐行扫描掩膜,并将掩膜写入码流[12]。

在对图像进行有损压缩时,如果码流资源充足,为了保证 ROI 区域的恢复质量,可以对 ROI 区域进行无损压缩。由于无损压缩不能预测和控制码流的长度,因此在对 ROI 区域完成压缩后,需要首先统计出编码 ROI 区域所占用的码流容量,然后根据总码流容量得到剩余码流容量,并将其均匀分配到非 ROI 区域的各个编码段中[12]。总码流容量为

$$B_{\text{total}} = (S_{\text{ROI}} + S_{\text{BG}}) \times 64 \times b \tag{3-9}$$

式中:S_{ROI} 和 S_{BG} 分别为子带 LL3 内 ROI 区域和非 ROI 区域元素的个数;b 为码率。ROI 区域无损压缩完成以后,已占用码流容量包括掩膜编码和 ROI 区域编码,掩膜编码长度与子带 LL3 内的元素个数相等[12]。因此,剩余码流容量为

$$B_{\text{remain}} = B_{\text{total}} - (S_{\text{ROI}} + S_{\text{BG}}) - B_{\text{ROI}} \tag{3-10}$$

式中:B_{ROI} 为 ROI 区域编码所占用的码流容量。根据非 ROI 区域各编码段所包含家族块的数量,B_{remain} 将均分到非 ROI 区域的各编码段中,并对各编码段进行编码。

压缩图像时,如果码率较低,所提供的码流容量较小,则可对 ROI 区域采用低压缩比的有损压缩,而非 ROI 区域采用高压缩比的有损压缩。其具体步骤为:首先根据一定的原则,将码流容量分配给 ROI 区域和非 ROI 区域,然后分别采用 CCSDS 算法对两个区域进行压缩。本节主要提供两种码流分配算法:基于面积比例的码流分配算法和基于所包含信息量比例的码流分配算法[12]。面积之比为

$$R_{\text{ROI}} = \frac{S_{\text{ROI}}}{S_{\text{ROI}} + S_{\text{BG}}} \tag{3-11}$$

在给 ROI 区域分配码流时,要保证 ROI 区域所分配码流容量与总容量之比大于 R_{ROI},这样才能使得 ROI 区域的恢复质量有所提高。令容量之比与面积之比之间为简单的线性关系,且前者为后者的 $t(t>1)$ 倍[12],则 ROI 区域所分配的码流容量为

$$B_{ROI} = t \cdot R_{ROI} \cdot (B_{total} - (S_{ROI} + S_{BG})) \qquad (3-12)$$

根据 ROI 区域各编码段所包含家族块的数量,将 B_{ROI} 分配给 ROI 区域的各编码段,然后对各编码段进行独立编码,完成 ROI 区域的压缩。

将码流总容量减去掩膜编码和 ROI 区域编码所占用的码流容量,所剩余的码流容量即为分配给非 ROI 区域的容量[12],其值 B_{remain} 可通过式(3-10)得到。将 B_{remain} 按照非 ROI 区域各码段家族块的数量分配给各编码段,并对各段进行独立编码,完成非 ROI 区域的压缩。至此,基于 CCSDS 的 ROI 智能压缩算法完成。

5) 实验结果验证

本书对基于 ROI 的 CCSDS 智能压缩算法和传统的 JPEG2000 压缩算法在实际遥感数据中进行测试,在同样压缩倍数的情况下,分别计算相应解压缩图像的 ROI 区域和非 ROI 区域的压缩质量。图 3-16 和图 3-17 所示分别为本书基于 ROI 的 CCSDS 智能压缩算法和 JPEG2000 压缩算法在 8 倍和 16 倍压缩时解压缩后的图像。

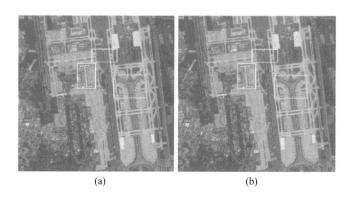

图 3-16 基于 ROI 的 CCSDS 智能压缩算法在 8 倍和 16 倍压缩时解压缩后的图像
(a) 8 倍压缩;(b) 16 倍压缩。

对比图 3-16 和图 3-17 可以看出,相比于 JPEG2000 压缩算法,基于 ROI 的 CCSDS 智能压缩算法的解压缩后的图像中,ROI 区域的成像结果更加清晰,而背景区域的成像效果得到了有效的抑制。具体的 PSNR 比较结果如表 3-5 所列。

从表 3-5 可知,基于 ROI 的 CCSDS 智能压缩算法的效果均优于传统基于 JPEG2000 的遥感压缩算法,能更加有效地提取图中潜在目标位置并进行合理的码流分配,在遥感领域存在巨大的应用潜力。

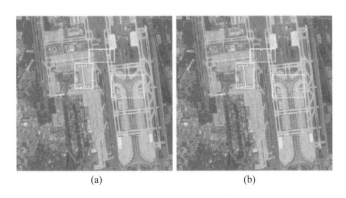

图 3-17 基于 JPEG2000 压缩算法在 8 倍和 16 倍压缩时解压缩后的图像
(a) 8 倍压缩；(b) 16 倍压缩。

表 3-5 基于 ROI 的 CCSDS 算法与 JPEG2000 算法的 PSNR 比较结果　单位:dB

方法	指标	压缩倍数			
		4	8	16	32
基于 ROI 的 CCSDS 智能压缩	非 ROI 区域 PSNR	38.86	31.40	26.41	22.80
	ROI 区域 PSNR	48.10	39.42	37.48	35.94
JPEG2000 压缩	非 ROI 区域 PSNR	38.12	30.98	27.03	22.94
	ROI 区域 PSNR	38.09	38.81	26.41	21.17

3.3.2　基于结构与细节分离的图像压缩质量评价

由于压缩过程中参数设置不合理等原因,压缩后的图像经常会出现块效应和模糊等质量失真问题。传统的 JPEG 和 JPEG2000 压缩标准通过计算压缩前图像与解压缩图像之间像素点的均方差(Mean Squared Error,MSE)来评价压缩质量。然而,MSE 及其相关的 PSNR 等方法对块效应、模糊等造成图像结构、纹理信息丢失的失真类型评价不准确[15]。

近些年,国内外专家学者对图像质量评价进行了广泛和深入的研究,提出了一系列图像感知质量评价方法。例如,Wang 等人[16]提出了结构相似度算法并应用在了很多领域;Liu 等人[17]提出了基于图像梯度的梯度相似度模型;Zhang 等人[18]提出了特征相似度评价模型;Wu 等人[19]基于自回归模型提出了基于内在推理机制评价方法。

研究发现,图像压缩可能造成模糊、块效应和一些噪声等失真影响图像质量。其中,模糊和块效应主要影响图像的结构和纹理信息,而噪声一般影响细节信息。上述传统的评价方法在评价图像质量时主要考虑结构方面的失真,忽略了细节部分,影响评价准确度。为了解决上述问题,本书提出了一种结构与细节分离的图像压缩质量评价方法。利用矩阵奇异值分解(Singular Value Decomposition,SVD)方法将图像分成结构与细节两部分内容,并采用不同的评价模型对两部分内容进行评价,最后将两部分评价结果结合在一起。该方法对在轨遥感图像压缩质量评价取得了更加准确的结果。

SVD算法的整体框图如图3-18所示,包含三个步骤[1]:图像分解、失真评价和质量预测。首先,对压缩前的图像和解压缩后的图像分别采用SVD分解得到结构和细节两部分内容;其次,对于结构部分,提出梯度和对比度相似度评价方法,而对细节部分,则采用归一化的峰值信噪比评估失真程度;再次,将两部分评价结果通过非线性权重乘积得到最终的图像质量。

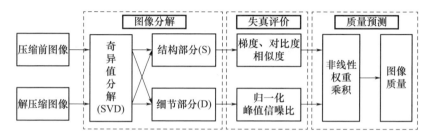

图3-18　SVD算法的整体框图

1) 基于SVD的图像结构与细节分解

给定一幅大小为$m \times n$的灰度图像X,其秩为q,X的SVD分解为

$$X = U \times \Delta \times V^{T} \tag{3-13}$$

式中:U和V为正交矩阵;Δ为对角矩阵。由于$UU^{T} = I_{mm}$,$VV^{T} = I_{nn}$(I_{mm}和I_{nn}分别是$m \times m$和$n \times n$的单位阵),U、V和Δ可以进一步表示为

$$U = [u_{1}, \cdots, u_{i}, \cdots, u_{m}] \tag{3-14}$$

$$V = [v_{1}, \cdots, v_{j}, \cdots, v_{n}] \tag{3-15}$$

$$\Delta = \text{diag}(\delta_{1}, \cdots, \delta_{k}, \cdots, \delta_{q}) \tag{3-16}$$

式中:u_{i}和v_{j}为矩阵U和V的列向量;δ_{k}是Δ的第k个奇异值;$i = \{1, 2, \cdots, m\}$,$j = \{1, 2, \cdots, n\}$,$k = \{1, 2, \cdots, q\}$。Δ中的奇异值按数值的大小降序排列。

将δ_{k}与对应的向量u_{k}和v_{k}相乘,可以得到$x_{k} = u_{k}\delta_{k}v_{k}^{T}$。其中,$u_{k}v_{k}^{T}$定义为$X$的第$k$个基图像;$\delta_{k}$是对应的权重。那么,原图像$X$可以表示成$q$个基图像与其对应权重$\delta_{k}$乘积的和,即

$$X = \sum_{k=1}^{q} x_k = \sum_{k=1}^{q} u_k \delta_k v_k^{\mathrm{T}} \tag{3-17}$$

实验发现,奇异值δ_k越大,对应的基图像$u_k v_k^{\mathrm{T}}$包含的结构信息越丰富。因此,通过对前p个基图像进行累加,可以得到图像大部分结构信息。图3-19所示为一幅全色遥感图像SVD分解后不同p时的基图像累加结果,其中:图3-19(a)为原始图像,大小为512像素×512像素;图3-19(b)~(f)分别为$p=10$,20,50,100和512时的基图像累加结果。从图3-19中可以看出,$p=50$时,累加基图像基本包含了图像的各个部分结构轮廓信息。

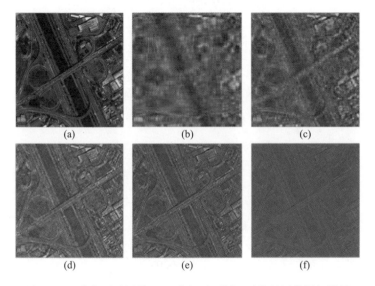

图3-19 全色遥感图像SVD分解后不同p时的基图像累加结果

(a)原始图像;(b)前10个基图像累加效果图;(c)前20个基图像累加效果图;
(d)前50个基图像累加效果图;(e)前100个基图像累加效果图;(f)前512个基图像累加效果图。

将前p个基图像与其对应权重乘积的和定义为结构部分,用S表示;定义余下基图像与权重乘积的和为细节部分,用D表示。参考图像和失真图像的结构部分和细节部分分别为S_r、S_d和D_r、D_d[1],可以分别表示为

$$S_r = \sum_{k=1}^{p} u_{rk} \delta_{rk} v_{rk}^{\mathrm{T}} \tag{3-18}$$

$$S_d = \sum_{k=1}^{p} u_{dk} \delta_{dk} v_{dk}^{\mathrm{T}} \tag{3-19}$$

$$D_r = \sum_{k=p+1}^{q} u_{rk} \delta_{rk} v_{rk}^{\mathrm{T}} \tag{3-20}$$

$$D_d = \sum_{k=p+1}^{q} u_{dk} \delta_{dk} v_{dk}^T \quad (3-21)$$

图 3-20 所示为图 3-19 中原始图像的一幅 JPEG2000 压缩图像 SVD 分解所得的结构与细节部分结果。图 3-20(a)为 JPEG2000 压缩图像,图 3-20(b)和(c)分别为结构与细节部分。

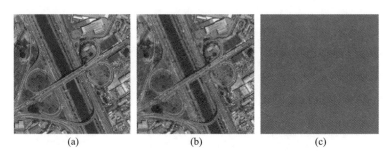

图 3-20 JPEG2000 压缩图像 SVD 分解所得的结构与细节部分结果
(a) JPEG2000 压缩遥感图像;(b) 对应于图(a)的结构效果图;(c) 对应于图(a)的细节效果图。

2) 结构与细节分离评价模型

在得到压缩前图像和解压缩图像的结构与细节部分后,就需要对两部分内容分别采用不同的评价准则。对于结构部分,计算梯度相似度和对比度相似度,有

$$g(S_r, S_d) = \frac{2 G_{S_r}(x) G_{S_d}(y) + C_1}{G_{S_r}^2(x) + G_{S_d}^2(y) + C_1} \quad (3-22)$$

$$c(S_r, S_d) = \frac{2 \sigma_{S_r} \sigma_{S_d} + C_2}{\sigma_{S_r}^2 + \sigma_{S_d}^2 + C_2} \quad (3-23)$$

式中:$G_{S_r}(x)$ 和 $G_{S_d}(y)$ 分别为压缩前图像 x 和解压缩图像 y 中心像素点的梯度值;C_1 为一个为了避免分母出现零而设置的很小的常数。在实验中,$C_1 = (0.03 \times L)^2$,其中 L 为图像的灰度级数。类似地,C_2 也是一个常数,设置为 $C_1/2$。

梯度 $G_{S_r}(x)$ 和 $G_{S_d}(y)$ 为 4 个方向梯度中的最大值,即

$$G_{S_r}(x) = \max_{k=1,\cdots,4} |\varphi M_k \otimes S_r| \quad (3-24)$$

$$G_{S_d}(x) = \max_{k=1,\cdots,4} |\varphi M_k \otimes S_d| \quad (3-25)$$

式中:$M_k(k=1,2,3,4)$ 分别为水平、竖直和两个对角线方向的梯度滤波器,如图 3-21 所示;φ 为一个常数,一般设置为经验值 1/16;符号 $\otimes$ 为卷积运算。

将梯度相似度和对比度相似度结合在一起,就可以得到结构部分整体的相似度,即

0	0	0	0	0
1	3	8	3	1
0	0	0	0	0
−1	−3	−8	−3	−1
0	0	0	0	0

(a)

0	0	1	0	0
0	8	3	0	0
1	3	0	−3	−1
0	0	−3	−8	0
0	0	−1	0	0

(b)

0	0	1	0	0
0	0	3	8	0
−1	−3	0	3	1
0	−8	−3	0	0
0	0	−1	0	0

(c)

0	1	0	−1	0
0	3	0	−3	0
0	8	0	−8	0
0	3	0	−3	0
0	1	0	−1	0

(d)

图 3 – 21　4 个方向的梯度滤波算子

（a）水平方向梯度滤波器；（b）主对角线方向梯度滤波器；
（c）副对角线方向梯度滤波器；（d）垂直方向梯度滤波器。

$$S(\boldsymbol{S}_r, \boldsymbol{S}_d) = g(\boldsymbol{S}_r, \boldsymbol{S}_d) \cdot c(\boldsymbol{S}_r, \boldsymbol{S}_d) \quad (3-26)$$

对于细节部分，计算压缩前与解压缩图像细节部分的归一化峰值信噪比 PSNR，即

$$n(\boldsymbol{D}_r, \boldsymbol{D}_d) = \frac{1}{C_3} \mathrm{PSNR}(\boldsymbol{D}_r, \boldsymbol{D}_d) = \frac{1}{C_3} 10 \lg\left(\frac{L^2}{\mathrm{MSE}(\boldsymbol{D}_r, \boldsymbol{D}_d)}\right) \quad (3-27)$$

式中：$\mathrm{MSE}(\boldsymbol{D}_r, \boldsymbol{D}_d)$ 为 $\boldsymbol{D}_r$ 与 $\boldsymbol{D}_d$ 之间的均方差，最小值设置为 1；L 为图像的灰度级数；$C_3 = 10 \lg L^2$ 用于归一化峰值信噪比。

3）图像整体质量评分

将结构部分与细节部分的评价结果通过非线性权重相乘得到图像整体评分，即

$$Q = S(\boldsymbol{S}_r, \boldsymbol{S}_d)^{\alpha} \cdot n(\boldsymbol{D}_r, \boldsymbol{D}_d)^{\beta} \quad (3-28)$$

$$\alpha = \frac{\sum_{i=1}^{p} \delta_i}{\sum_{i=1}^{q} \delta_i} \quad (3-29)$$

$$\beta = 1 - \alpha \quad (3-30)$$

式中：α、β 分别为结构部分与细节部分的权重。

相比于传统的评价方法，本节算法考虑了不同失真类型对图像不同内容影响的特性，将图像分解成结构与细节两个部分，并分别评价两部分的质量，评价更加准确。

3.4　全色遥感数据在轨目标检测分类

遥感数据在轨应用中关注的目标类型可分为油罐、桥梁等固定目标和船

只、飞机等移动目标。固定目标位置相对确定,时效性要求不高,检测分类难度小;移动目标具有机动性高、位置瞬变等特点,对在轨检测分类的时效性与定位准确性要求极高,且在轨实现全色遥感数据中海面船只、机场飞机等移动小目标的快速、实时检测分类,在航/空运管控、交通管制、军事侦察等领域应用需求迫切。因此,本节针对在轨成像数据特点,结合待检测目标的相关特性,对可移动小目标在轨检测分类技术进行了详细讨论。

3.4.1 远洋海面船只目标检测分类

海面船只目标检测技术被广泛地应用于港口航运管控、海洋渔业监管、水上交通管制及海洋污染监测等领域。随着航天遥感数据获取能力的日益增强及遥感图像分辨率的提高,针对遥感图像数据的船只目标检测技术在海洋遥感领域得到越来越多的重视。而航天遥感海洋数据的实际覆盖面积广,数据量巨大,在轨实时实现海面船只目标自动检测的应用需求逐渐迫切。针对航天全色遥感应用,本节主要介绍了候选区域提取和虚警剔除两个主要步骤的在轨海面船只目标的检测技术,其技术流程如图 3 – 22 所示。

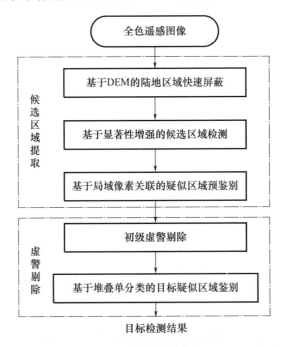

图 3 – 22 在轨全色遥感图像海面船只目标检测技术流程

1) 基于 DEM 的陆地区域快速屏蔽

航天遥感数据的实际覆盖面积广,数据量巨大,因此海洋与陆地区域的快速自动判别技术是海洋船只目标检测自动化处理中必须要解决的问题,它能有效地控制陆地虚警的数量,大大缩减在轨处理的运算量,提高在轨目标检测的实时性。利用 DEM 建立全球海陆查找表,实现对陆地区域的快速屏蔽。

DEM 通过一组有限的地形高程数据,进而实现对地形的数字化模拟。对已知四界经纬坐标的全色航天遥感数据块,利用全球海陆分割查找表对图像场景进行三分类,在船只目标检测前实现对陆地区域的快速屏蔽。典型海陆交界场景及分割结果如图 3 – 23 所示。

图 3 – 23　海陆交界场景及分割结果

2) 基于显著性增强的候选区域检测

在轨处理的运算和存储资源非常有限,因此在海面船只目标检测的初始阶段,如何快速、低漏检地实现目标候选区域的检测,是整个目标检测技术在轨实现的关键,同时直接决定了处理的时效性。

航天遥感数据覆盖面积广阔,加之水面情况更新速度快,使单幅遥感图像中海洋区域的成像结果存在不同亮度、不同海况等复杂场景,直接影响了目标候选区域的检测效果。因此,这里首先采用基于自适应形态学运算的目标显著性增强方法,从局部空间分布和灰度差异两个维度运算凸显目标与周围缓变背景间的差异,抑制图像中灰度值变化相对较为平缓的区域,有效提取目标的候选区域。

对经过形态学显著性增强的遥感图像数据,实现对目标候选区域的检测。对光学遥感图像进行候选区域的检测结果如图 3 – 24 所示。

3) 基于局域像素关联的疑似区域预鉴别

候选区域提取阶段获得了大量疑似目标区域,如果直接对这些区域进行目标级鉴别,一方面会增加硬件处理负担,另一方面难以满足在轨检测的实时性要求。因此,需要对获得的候选区域进行基于局域像素关联的疑似区域预鉴别。

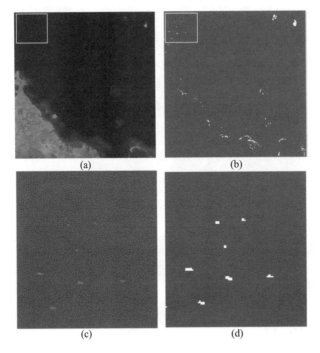

图 3-24 候选区域检测结果

(a) 待检测图像；(b) 基于显著性增强的候选区域检测结果；

(c) 矩形框内局部待检测图像；(d) 矩形框内局部候选区域检测结果。

基于局域像素关联的疑似区域预鉴别技术，对疑似区进行处理，快速鉴别出疑似船只目标的像素点，包括以下两个步骤：

(1) 局域候选像素关联性。图像中像素与其周围像素存在关联性，这种关联性作为重要的表征信息可用来判别像素的属性。

(2) 局域属性划分。通过以上两个关键步骤的疑似区域像素级的鉴别技术应用，对云区附近的船只像素有较好的保留作用，且能较好地剔除碎云虚警，降低后续处理的数据量，大大提高在轨实时处理的性能。基于局域像素关联的疑似区域预鉴别前后的结果如图 3-25 所示。

4) 初级虚警剔除

在疑似目标候选区提取完成后，存在大量的碎云、岛礁类候选区域。考虑到在轨处理的硬件规模限制以及低虚警率需求，设计了基于船只目标与虚警邻域上下文特征、自身几何特征、周围图像特征的初级虚警剔除技术。该虚警剔除特征计算复杂度由低到高，采用分层策略逐级降低虚警量，从而满足在轨处理实时性需求。典型示例图像的初级虚警剔除结果如图 3-26 所示。

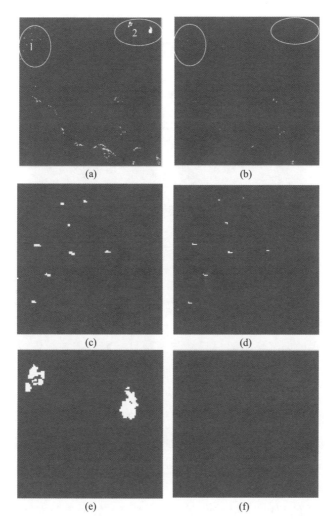

图 3-25 基于局域像素关联的疑似区预鉴别前后的结果
(a) 预鉴别前图像；(b) 预鉴别后图像；(c) 局部区域 1 预鉴别前图像；(d) 局部区域 1 预鉴别后图像；
(e) 局部区域 2 预鉴别前图像；(f) 局部区域 2 预鉴别后图像。

5) 基于堆叠单分类的目标疑似区域鉴别

经过疑似候选区域的像素级鉴别和层次化虚警剔除操作后，考虑到保留下来的虚警候选区域与真实目标候选区域的相似程度极高，采用分类器对疑似目标区域进行目标级的精细判别。然而，在对此类虚警目标进行统计处理时，会出现以下几个问题：

（1）对于虚警目标，类内特征表述差异性大、类间特征表述差异性小。

图 3-26 初级虚警剔除结果

（2）可获得的训练集中船只目标与虚警目标数目相差悬殊，相对于较为稳定的船只目标特征，虚警特征变化多样且具有随机性。

（3）不同船只样本的漏检造成的漏检风险是不同的。

针对以上问题，采用基于风险差异学习的目标疑似区域鉴别技术，根据漏检风险差异切分样本集，优先保障高漏检风险子集的鉴别性能，以单类支持向量机（One Class-Support Vector Machine，OC-SVM）为基分类器，建立风险差异级联分类器结构，以解决样本数目不均匀导致的建模困难问题，在保证重点关注船只检测率的前提下，尽可能提高整体船只的检测率与虚警剔除率。根据不同类目标/虚警差异性，选取不同特征组合，堆叠多个 OC-SVM 单分类器，经过网格法与交叉验证的方法，构建关注泛化层、关注拟合层、整体保证层三层级联集成结构，在保证重点关注船只目标的高检测率的基础上，尽可能保证非重点目标的较高检测率与低虚警率。具体实现流程如图 3-27 所示。

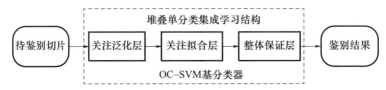

图 3-27 基于堆叠单分类的目标疑似区域鉴别实现流程

通过这样的三层学习架构,基于风险学习的策略,不但关注整体船只样本集的检测率,而且重点保障关注船只样本的检测率,从而避免了由于关注样本的漏检而造成的风险。同时,通过对样本集的特征相似性子集的拆分、聚合,独立训练,在一定程度上避免了在整体样本集进行训练而引入的高虚警问题。典型示例图像的疑似区域鉴别结果如图 3 – 28 所示。

图 3 – 28　基于堆叠单分类的目标疑似区域鉴别结果

为了对在轨海面船只目标检测技术的检测性能、虚警剔除能力进行更好的评价分析,选取无云、碎云、厚云等 30 景复杂场景数据作为测试数据,对远洋船只目标进行检测,测得检测率优于 92%,虚警密度优于 5×10^{-3} 个/km^2。图 3 – 29 中给出了不同场景的检测结果。

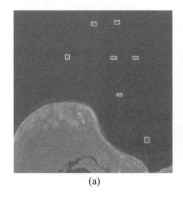
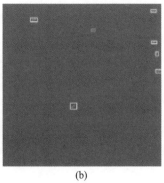

(a)　　　　　　　　　　　　(b)

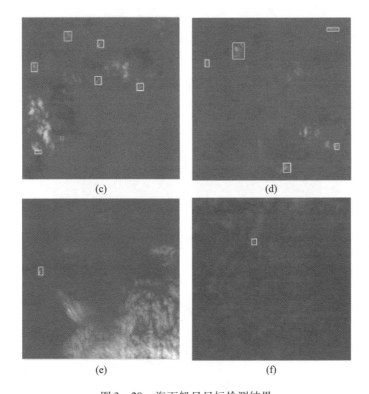

图 3-29 海面船只目标检测结果

(a) 无云场景1；(b) 无云场景2；(c) 碎云场景1；(d) 碎云场景2；(e) 厚云场景1；(f) 厚云场景2。

3.4.2 机场飞机目标检测分类

全色遥感图像飞机目标检测分类任务具备以下特点：

(1) 全色图像缺乏描述目标的光谱信息，作为一种典型的人工目标，飞机具有规则的形状特征，可以看作较强区别性的几何基元，用于区分其他地物虚警。

(2) 不同型号、功能的飞机在尺度、灰度、形状特征具有较大的类内特征差异，一致性较差，在目标鉴别时，训练模型构建困难较大。

(3) 全色遥感图像中场景复杂，飞机目标与背景间对比度差异不具备一致性，难以利用分割技术获取飞机目标轮廓，从而难以使用局部精细特征进行特征描述，给目标鉴别带来挑战。

星上在轨目标处理器的功耗、体积具有严格限制，在设计在轨机场飞机检测分类算法时需结合检测分类任务特点，同时满足检测分类性能与计算量限制。

针对飞机目标检测分类时存在的复杂背景信息干扰、低对比度场景、较小的军用飞机目标以及飞机目标自身的姿态方向多样性问题,本节介绍了一种针对复杂条件下机场飞机目标的泛化深度识别网络。具体网络架构如图 3-30 所示。

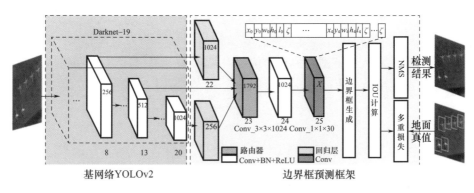

图 3-30　复杂条件下泛化深度识别网络架构(见彩图)

1) 基于精细卷积特征层特征引入的小尺度目标检测分类

在对机场飞机目标进行检测分类时,由于目标尺寸较小,因此在检测分类过程中通常会产生漏检现象。在深度学习卷积网络中,虽然较深层网络中深层次特征层具有较好的特征描述能力,但是深层次特征层上不具备较好的定位性能。在检测识别模型进行小尺度目标定位与分类回归模型时,小目标在深层次特征层中将丢失自身的目标定位信息,导致小目标漏检。因此,本节提出基于精细卷积特征层特征引入的小尺度目标检测分类技术,在利用深层次特征较好的区分性描述能力的同时引入浅层精细卷积层特征,有效提升小目标检测性能。

本节以 YOLOv2 模型为例,对上述技术的具体实现方法进行论述。YOLOv2 模型的基础网络采用了 Darknet-19,其结构中包含了池化层,通过降低特征映射的分辨率来实现空间不变性。然而,小目标的信息会随着特征图分辨率的降低而损失,造成模型对小目标的检测性能差。解决该问题的一个有效的策略是改变其网络结构,引入精细特征。此外,YOLOv2 模型以 32×32 大小的像素尺寸划分网格区域,对于图像中小目标密集分布场景,该尺寸的网格区域内可能包含多个小目标,这样就容易造成漏检。因此,为提取目标精细特征,缩小网格区域的尺寸也是一个有效策略。

本节提出的遥感目标检测分类模型,其边界框的预测结构如图 3-30 右侧部分(粉红色区域)所示。首先,路由层(Route Layer,RL)将第8层的特征图引入第22层。经过重组层的特征重组操作后,特征图的尺寸降为第8层的一半,通道数扩展为第8层的4倍,本节将该过程记为正向特征重组。然后,重组层将第20层的特征图进行逆向重组操作,特征图的尺寸扩大为第20层的两倍,通道数缩减为第20层的1/4[56]。上述两步操作具体细节如下。

(1)正向特征重组。步长$s=2$,表示特征图尺寸缩为原尺寸的一半。如图3-31所示,输入特征图中的点的位置用通道、宽和高描述为(c_{3k},w_{3i},h_{3j}),该点与输出特征图中点的位置(c_{5z},w_{5x},h_{5y})对应关系为

$$c_{3k} = c_{5z} \% c_3 \tag{3-31}$$

$$w_{3i} = ((c_{5z}w_5h_5 + w_5h_{5y} + w_{5x})\%(w_5s))s\%(w_5s) + (c_{5z}/s^2)/\frac{c_3}{s^2}\%s \tag{3-32}$$

$$h_{3j} = \left(((c_{5z}w_5h_5 + w_5h_{5y} + w_{5x})/(w_5s)\%(h_5s))s^2 + ((c_{5z}w_5h_5 + w_5h_{5y} + w_{5x})\%(w_5s))s/(w_5s) + (c_{5z}/s^2)/\frac{c_3}{s^2}/s\right)\%(h_5s) \tag{3-33}$$

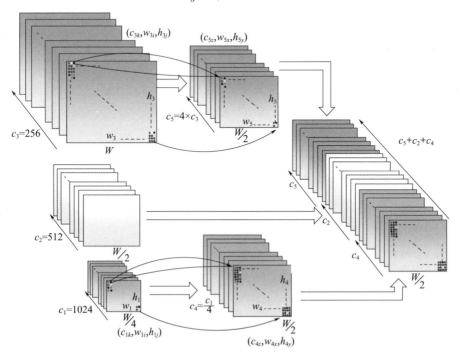

图3-31 边界框的预测结构细节示意图

(2) 反向特征重组。步长 $s=2$,不同的是此时特征图尺寸扩大为原尺寸的 2 倍。(c_{1k},w_{1i},h_{1j}) 如图 3-31 所示,输入特征图中的点的位置用通道、宽和高描述为 (c_{1k},w_{1i},h_{1j}),该点与输出特征图中点的位置 (c_{4z},w_{4x},h_{4y}) 对应关系为

$$c_{4z} = c_{1k} \% \frac{c_1}{s^2} \qquad (3-34)$$

$$w_{4x} = w_{1i}s + c_{1k}/\frac{c_1}{s^2}\% s \qquad (3-35)$$

$$h_{4y} = h_{1j}s + c_{1k}/\frac{c_1}{s^2}/s \qquad (3-36)$$

2) 精细特征引入的特征层重组网络设计

基于上述较小飞机目标检测网络结构设计与实现的基础上,考虑引入精细特征来加强设计网络模型的特征提取与泛化能力。具体流程是路由层将第 21、22、13 层的特征引入到第 23 层,并将所有引入的特征图进行通道合并。相应的实现过程细节示意图如图 3-31 所示。合并后的特征图尺寸扩大为第 20 层的两倍。此时,网格区域的尺寸为 16×16pixel,网格区域密度扩展为 YOLOv2 网格区域密度的两倍,更有利于密集小目标的检测。后续是两个卷积层,这两层的卷积核尺寸分别为 3×3 和 1×1。在这两个卷积层之间依次是批量归一化(Batch Normalization,BN)层[20]和线性修正单元(Rectified Linear Units,ReLU)层[21]。

最终输出特征图用来预测每个边界框的参数和置信度 C。边界框的参数包括目标几何中心参数 (x,y)、宽度 w 以及高度 h。参数 (x,y) 被定义为目标中心点相对于其所在网格的位置偏移,根据网格区域的尺寸大小,将其归一化到 $[0,1]$ 之间。每个网格区域预测 B 个边界框。因此,最后一层特征图的数量 X 为 $B\times(5+1+\text{cls})$,其中:cls 为数据集中目标的类别数量。最终输出特征图经由边界框生成、重叠度(Intersection Over Union,IoU)计算、非极大值抑制(Non Maximum Suppression,NMS)等步骤处理后得到最终的目标检测结果。

3) 平均响应卷积特征融合的多尺度网络设计

本节目的是在保证增强基础网络小尺度目标检测性能的基础上,提升大尺度目标的检测性能。通常,多尺度预测是一种非常有效的解决方案。但是,它会使网络架构变得复杂,影响算法的实时性。本节采用更为简单有效的解决方案,提出了基于卷积神经网络特征融合的遥感多尺度目标检测模型。模型的网络结构示意图如图 3-32(b) 所示,图 3-32(a) 为 YOLOv2 的网络结构示意图。

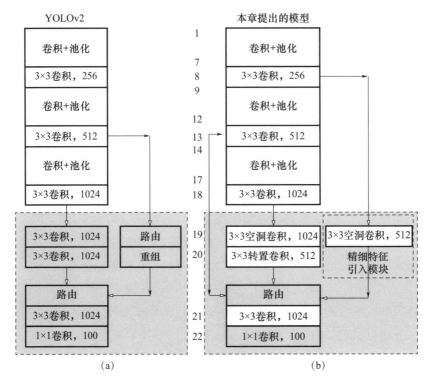

图 3-32　网络框架比较示意图

(a) YOLOv2 网络结构示意图；(b) 本节所提出模型的网络结构示意图。

(1) 算法网络架构设计。

本节所提出的模型采用路由层及重组层将浅层次的精细特征图直接引入到网络末端。深层与浅层特征排列组合后作为后续目标预测的基础特征。这种特征组合方式有两个明显的特点：①深层精细特征数量相比于浅层粗略特征存在压倒性优势；②输出的特征图上的像素点在原图上映射的区域较小，也就是说感受野较小。不难分析得出，这些特点非常有利于小尺度目标的检测，同时也是影响大尺度目标检测性能的不利因素。其中，造成大尺度目标检测性能不佳的最主要原因是输出特征图感受野太小。

基于上述分析，在不损失小尺度目标检测性能前提下，要提高大尺度目标的检测性能，需要在引入精细特征的同时扩展感受野。空洞卷积[22-23]是一个很好的选择，已经通过实验验证，在不采用池化（池化操作会导致信息损失）且计算量及参数量相当的前提下，可以有效扩大网络的感受野，同时可以有效保留内部空间结构信息。因此，本节采用基于空洞卷积的精细特征引入策略。为了方便叙述，这里只将卷积层进行编号。该策略分为3个主要部分：①由路由层将第 8 层的精细特征引入。②引入的特征图由空洞卷积层处理,输出特征图的通道数量设置为 512。此处空洞卷积的卷积模板尺寸设置为 3×3,步幅大小(Stride)设置为 2。这样,输出特征图的尺寸变为第 8 层特征图尺寸的一半。③该输出特征图由路由层引入到网络后端。

本节在第 19 层同样采用空洞卷积,该卷积层输出特征图的通道数为 1024。第 19 层的输出特征图后面跟着一个转置卷积层[24],转置卷积实现了特征图的上采样,输出通道数为 512。上采样后的特征图由路由层引入网络后端。与此同时,路由层将第 13 层的输出特征图直接引入到网络后端。所有引入到网络后端的特征图依次排列组合,从而实现了特征的融合。组合后的特征图通道数是所有引入特征图通道数的总和,因此此处组合后的特征图通道数为 1536。该组合特征图后面是两个卷积层。这两层卷积层的卷积模板尺寸分别为 3×3 和 1×1。除了最后一层之外,所有卷积层后面依次是批量归一化 BN 层[20]和 Leaky ReLU 层[25]。

(2) 基于转置卷积的特征图上采样。

特征组合时需要保证特征图尺寸一致。因此,需要将第 19 层特征图的尺寸上采样为原尺寸的 2 倍。前述内容采用转置卷积[27]实现第 23 层的输出特征图的上采样。转置卷积存在可学习的参数,与直接插值上采样方法存在一些差异。如图 3-33 所示,卷积计算之前对输入特征图进行插空补零操作,边界和内部插空补零后输入特征图的尺寸变为

$$\begin{cases} H'_{in} = H_{in} \times \text{stride} + \text{pad}_{in} \\ W'_{in} = W_{in} \times \text{stride} + \text{pad}_{in} \end{cases} \quad (3-37)$$

滑动步长为 1 时,输出特征图的尺寸计算公式为

$$\begin{cases} H_{out} = H'_{in} - ks + 1 + \text{pad}_{out} \\ W_{out} = W'_{in} - ks + 1 + \text{pad}_{out} \end{cases} \quad (3-38)$$

式中:H_{out},W_{out} 分别为输出特征图的高度和宽度;H_{in},W_{in} 分别为输入特征图的高度和宽度;pad_{in},pad_{out} 分别为输入输出特征图边界填充的尺寸;ks 为卷积模板的尺寸;stride 为转置卷积的步长。可以看到,转置卷积并不是严格地将输入特征图变为了 stride 倍。因此,本节将转置卷积的步长设置为 2,卷积模板的尺寸设置为 3,输入输出特征图边界填充的尺寸设置为 1。

(3) 平均梯度方向响应空洞卷积。

本节多尺度遥感目标检测方法的设计所依赖的核心技术之一是空洞卷积(Dilated Convolution)[22-23]。空洞卷积是指在标准卷积模板各个元素之间插入不参与运算的空洞,相比于标准的卷积多了一个称为空洞率 r(Dilation Rate)的

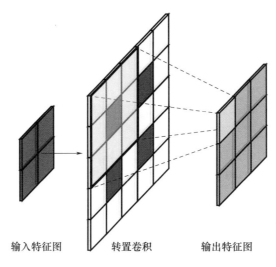

输入特征图　　转置卷积　　输出特征图

图 3-33　转置卷积上采样示意图

超参数。

标准卷积可表示为

$$x_q^l(m,n) = \sum_{p \in P} \left(\sum_i \sum_j x_p^{l-1}(m+i,n+j) \, k_{pq}^l(i,j) \right) + b_q^l \quad (3-39)$$

空洞卷积可表示为

$$x_q^l(m,n) = \sum_{p \in P} \left(\sum_i \sum_j x_p^{l-1}(m+i \times r, n+j \times r) \, k_{pq}^l(i,j) \right) + b_q^l$$

$$(3-40)$$

式中：$x^l(m,n)$ 为卷积的输出特征图；$x^{l-1}(m,n)$ 为卷积的输入特征图；$k^l(i,j)$ 为宽度和高度分别为 M 和 N 的卷积模板；p 和 q 分别为特征图的输入和输出通道索引；P 为卷积层的输入通道数量。若空洞卷积的卷积模板像素尺寸为 ks，则卷积模板的实际有效尺寸是 $ks+(ks-1) \times (r-1)$。标准卷积和空洞率为 2 的空洞卷积的计算过程示意图如图 3-34 所示。从图中可以看出，不同于标准卷积，空洞卷积在卷积计算期间跳跃了一些点。空洞卷积与标准卷积相比，卷积模板的参数量和计算量相同，但是感受野更大。如果将一系列的空洞卷积层依次排列，则可以起到呈几何倍数扩大感受野的作用。

如果采用传统的空洞卷积，那么在引入精细特征的同时，会给模型引入大量额外的参数。Yixin Luo 等人[26]的研究成果表明，目前大量的深度卷积神经网络存在显著参数冗余问题。因此，额外参数引入是没有必要的。方向响应卷积能够通过增强模型捕获全局/局部旋转信息的能力，在较少参数量的情况下实

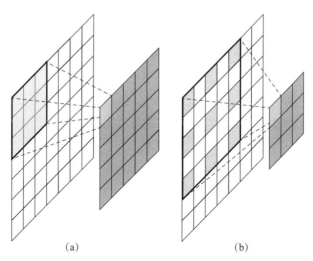

图 3-34 标准卷积与空洞卷积计算过程示意图

(a) 标准卷积;(b) 空洞卷积。

现与常规卷积不相上下的性能。考虑到遥感图像中的目标通常以方向任意的形式存在,同时为了避免增大模型复杂度和模型所需存储空间,本节所提出的模型中采用了平均梯度方向响应空洞卷积。也就是说,在精细特征引入模块和第 19 层均采用了平均梯度方向响应空洞卷积。第 21 层采用标准的平均梯度方向响应卷积。基于平均梯度方向响应卷积后的网络架构示意图如图 3-35 所示。

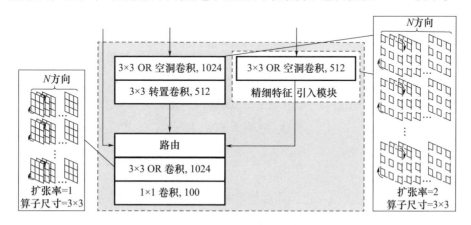

图 3-35 基于平均梯度方向响应卷积的网络架构示意图

如图 3-36 所示,与常规平均梯度方向响应卷积类似,平均梯度方向响应空洞卷积也是通过主动旋转滤波器(Active Rotating Filters,ARF)生成包含 N 个方向通道的特征图。不同的是,此处的主动旋转滤波器加入了空洞率参数。其

计算公式为

$$x_{qn}^l(m,n) = \sum_{p \in P}(\sum_i \sum_j x_p^{l-1}(m+i\times r, n+j\times r) k_{pqn}^l(i,j)) + b_{qn}^l$$

$$(3-41)$$

式中:n 为方向通道索引,$n \in [0, N-1]$。平均梯度方向响应空洞卷积的参数量是标准空洞卷积参数量的 $1/N$。

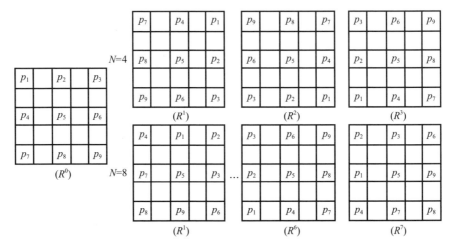

图 3-36 空洞主动旋转滤波器示意图(3×3)

(R^0)基础滤波器;(R^1)~(R^7)旋转后的滤波器。

本节所提出的模型将平均梯度方向响应空洞卷积和常规平均梯度方向响应卷积的滤波器(卷积模板)尺寸均设置为 3×3。卷积层和激活层之间是批归一化层,该层可以有效加速网络的训练过程,已被广泛应用。而此处的批归一化层与常规批归一化层有些许的不同。该批归一化层的计算公式为

$$y = OR\ BN(x_{jn}^l)$$
$$= \gamma \frac{x_{jn}^l - E(x_{jn}^l)}{\sqrt{\mathrm{Var}[x_{jn}^l] + \varepsilon}} + \beta \quad (3-42)$$

式中:x 和 y 分别为批归一化操作的输入和输出特征图;γ 和 β 分别为缩放变量和平移变量;n 为方向通道索引,其取值范围为 $[0, N-1]$,表示一组主动旋转滤波器生成的特征图的 N 个通道;j 的取值范围为 $[0, J/N]$,其中,J 为输出总的通道数量。如图 3-37 所示,批归一化计算是以特征图的方向通道组为单位进行的。

在训练期间,平均梯度方向响应空洞卷积直接采用前述方法进行训练。常规平均梯度方向响应卷积的滤波器更新过程如前所述。平均梯度方向响应空

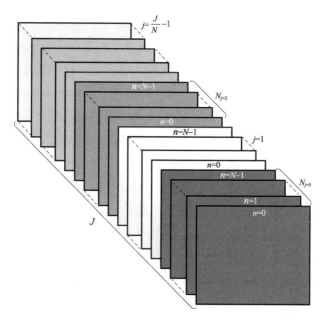

图 3-37 特征图以方向通道组为单位进行批归一化示意图

洞卷积与常规平均梯度方向响应卷积的滤波器(卷积模板)更新公式一致,即

$$\boldsymbol{\delta} = \frac{1}{N}\sum_{i=0}^{N-1}\boldsymbol{\delta}_i \quad (3-43)$$

式中:$\boldsymbol{\delta}_i$ 为主动旋转空洞滤波器(R^i)中第 i 个滤波器的梯度;$\boldsymbol{\delta}$ 为用于更新基础滤波器的梯度;N 的典型取值为 4 和 8[27]。

4)卷积神经网络混合精度量化策略

本节主要针对基于卷积神经网络的遥感目标分类模型 FPGA 移植所存在的高资源占用、高带宽需求等问题,开展卷积神经网络量化方法的研究。

偏置的量化间隔是由卷积模板的量化间隔与输入特征图的量化间隔的乘积得到。偏置的量化及特征图的量化均依赖于输入特征图的量化间隔。然而,前向推理测试时,特征图的动态范围(最大/最小值)随着输入图像的改变而不断变化。在网络前向推理过程中,为获得量化间隔而在线实时计算特征图的最大及最小值会引入大量的计算。为了避免该问题,本节可以在训练时将特征图的最大值和最小值作为参数进行估计。这样,网络训练完成以后,即可获得特征图的量化间隔。偏置的量化也可以预先离线完成。同时,在前向推理过程中,网络直接将训练时估计得到的最大值和最小值作为特征图量化的最大值和最小值,对特征图进行量化,以此避免在线计算特征图的最大值及最小值。接下来,本节将首先详细介绍卷积神经网络混合精度量化策略。

(1)基于小批量统计的特征图量化间隔估计方法。

特征图量化间隔在训练时根据训练集数据估计得出。在训练过程中,如果采用批量梯度下降法,即每个训练步骤都基于整个训练集,则可以使用整个数据集以直接估计获取输入特征图的量化间隔。然而由于训练集数据量大,图形处理器(Graphics Processing Unit,GPU)内存受限等问题的存在,无法实现每个训练步骤都基于整个训练集。因此,直接获取量化间隔的估计值是不切实际的。目前深度卷积神经网络多采用小批量梯度下降法(Mini-batch Gradient Descent,MBGD)进行训练。因此,本节提出基于小批量统计的特征图量化间隔估计方法:小批量梯度下降法每次更新是从训练集中随机选择 b(b 为批尺寸,小于训练样本总数)个样本进行学习,利用这 b 个样本输入网络后得到的特征图对量化间隔进行估计,估计值会随着训练的进行而不断更新。这样,用于量化的统计数据可以完全参与梯度反向传播过程[56]。

考虑一个小批量 B 的批尺寸为 b。由于量化被独立地应用于每个输入数据,为了清楚起见,本节关注特定输入 x_{bi} 并省略 i。每个小批量均包含 b 个输入样本,$B = \{x_{0,1,\cdots,b-1}\}$。假设 $\boldsymbol{QT}: x_{0,1,\cdots,b-1} \rightarrow q_{0,1,\cdots,b-1}$ 表示输入特征图量化,max(·)和 min(·)分别为计算输入数据的最大值和最小值的函数,则每一层的输入特征图量化方法可以如表3-6所列。

表3-6 单个小批量的特征图量化流程

输入:单个小批量 B_{iter} 的输入数据 $B_{\text{idx}} = \{x_{0,1,\cdots,b-1}\}$;
　　　输入特征图的随机选取的最大值 max_x 和最小值 min_x
输出:$\{q_b = \boldsymbol{QT}(x_b)\}$

1. 循环 iter = 1→∞:

2. $\max\_x_{\text{iter}+1} = \lambda \max_{x_{\text{iter}}} + (1-\lambda) \frac{1}{b} \sum_{\text{idx}=0}^{\text{idx}=b-1} \max(x_{\text{idx}})$

　　//最大值估计

3. $\min\_x_{\text{iter}+1} = \lambda \min_{x_{\text{iter}}} + (1-\lambda) \frac{1}{b} \sum_{\text{idx}=0}^{\text{idx}=b-1} \min(x_{\text{idx}})$

　　//最小值估计

4. $S = \dfrac{\max(|\max\_x_{\text{iter}+1}|, |\min\_x_{\text{iter}+1}|)}{2^{N-1}-1}$

　　//基于小批量(Mini-batch)统计的特征图量化间隔估计方法

5. $q_b = \dfrac{x_b}{\max(S, \varepsilon)}$

　　//特征图量化

6. 循环结束

在该算法中，ε 是一个添加到量化值计算的极小常数以保证数值稳定性；λ 为权重参数，控制最大值最小值更新速度。训练完成以后，只需要将每层估计获得的最大值和最小值保存下来即可，前向推理测试时无须在线计算量化间隔，只需直接加载该估计值即可。

（2）量化卷积层训练。

卷积计算用公式描述如下：

$$x_j^l = \sum_{i \in M_i} x_i^{l-1} * k_{ij}^l + b_j^l$$

式中：x_i^{l-1} 为卷积层的第 i 个输入特征图；x_j^l 为第 j 个输出特征图，M_i 为输入特征图的总数；k_{ij}^l 为卷积核；b_j^l 为偏置。

为了简洁叙述，在此推导过程中不考虑加入批归一化层的网络。以卷积后面直接跟着激活函数 $\sigma(\cdot)$ 为例进行叙述。量化卷积前向推理用公式描述为

$$\text{IQT}(\sigma(x_j^l)) = \sigma(\text{IQT}(\sum_{i \in M_i} \text{QT}_x(x_i^{l-1}) * \text{QT}_k(k_{ij}^l) + \text{QT}_b(b_j^l))) \quad (3-44)$$

卷积神经网络的训练采用小批量梯度反向传播算法。卷积模板参数和偏置参数更新过程为

$$k_{ij}^{l+} = k_{ij}^l - \lambda \frac{\partial \text{loss}}{\partial k_{ij}^l} \quad (3-45)$$

$$b_j^{l+} = b_j^l - \lambda \frac{\partial \text{loss}}{\partial b_{ij}^l} \quad (3-46)$$

式中：参数 λ 表示学习率，参数更新的关键是求出卷积模板参数的梯度 $\partial \text{loss}/\partial k_{ij}^l$ 和偏置参数的梯度 $\partial \text{loss}/\partial b_{ij}^l$。

在训练期间，梯度反向传播需要经由量化模块和逆量化模块。在不考虑数据取整及截断操作时，量化和逆量化是线性可微分的。根据链式法则，卷积模板参数和偏置参数的梯度展开得

$$\frac{\partial \text{loss}}{\partial k_{ij}^l} = \frac{\partial \text{loss}}{\partial \sigma\left(\text{IQT}\left(\sum_{i \in M_i} \text{QT}_x(x_i^{l-1}) * \text{QT}_k(k_{ij}^l) + \text{QT}_b(b_j^l)\right)\right)} \cdot$$

$$\frac{\partial \sigma\left(\text{IQT}\left(\sum_{i \in M_i} \text{QT}_x(x_i^{l-1}) * \text{QT}_k(k_{ij}^l) + \text{QT}_b(b_j^l)\right)\right)}{\partial \sum_{i \in M_i} \text{QT}_x(x_i^{l-1}) * \text{QT}_k(k_{ij}^l) + \text{QT}_b(b_j^l)} \cdot$$

$$\frac{\partial \sum_{i \in M_i} \text{QT}_x(x_i^{l-1}) * \text{QT}_k(k_{ij}^l) + \text{QT}_b(b_j^l)}{\partial \text{QT}_k(k_{ij}^l)} \cdot \frac{\partial \text{QT}_k(k_{ij}^l)}{\partial k_{ij}^l}$$

$$= S_{k_{ij}^l} S_{x_i^{l-1}} (\delta_j^l * \mathrm{QT}_x(x_i^{l-1})) \frac{1}{S_{k_{ij}^l}} \qquad (3-47)$$

$$\frac{\partial \mathrm{loss}}{\partial b_j^l} = \frac{\partial \mathrm{loss}}{\partial \sigma \left(\mathrm{IQT} \left(\sum_{i \in M_i} \mathrm{QT}_x(x_i^{l-1}) * \mathrm{QT}_k(k_{ij}^l) + \mathrm{QT}_b(b_j^l) \right) \right)} \cdot$$

$$\frac{\partial \sigma \left(\mathrm{IQT} \left(\sum_{i \in M_i} \mathrm{QT}_x(x_i^{l-1}) * \mathrm{QT}_k(k_{ij}^l) + \mathrm{QT}_b(b_j^l) \right) \right)}{\partial \sum_{i \in M_i} \mathrm{QT}_x(x_i^{l-1}) * \mathrm{QT}_k(k_{ij}^l) + \mathrm{QT}_b(b_j^l)} \cdot$$

$$\frac{\partial \sum_{i \in M_i} \mathrm{QT}_x(x_i^{l-1}) * \mathrm{QT}_k(k_{ij}^l) + \mathrm{QT}_b(b_j^l)}{\partial \mathrm{QT}_k(b_{ij}^l)} \cdot \frac{\partial \mathrm{QT}_k(b_{ij}^l)}{\partial b_{ij}^l}$$

$$= S_{k_{ij}^l} S_{x_i^{l-1}} \sum_{u,v} (\delta_j^l)_{u,v} \frac{1}{S_{k_{ij}^l} S_{x_i^{l-1}}} \qquad (3-48)$$

当量化间隔足够小时，式(3-47)和式(3-48)可进一步化简为

$$\frac{\partial \mathrm{loss}}{\partial k_{ij}^l} = (\delta_j^l * x_i^{l-1}) \qquad (3-49)$$

$$\frac{\partial \mathrm{loss}}{\partial b_j^l} = \sum_{u,v} (\delta_j^l)_{u,v} \qquad (3-50)$$

式中：$\sum_{u,v} (\delta_j^l)_{u,v}$ 为对层 l 中的 δ_j 所有点进行求和；δ 为反向传播误差。反向传播计算公式为

$$\delta_i^{l-1} = S_{k_{ij}^l} S_{x_i^{l-1}} \left(\sum_{j \in M_j} \mathrm{QT}_k(k_{ij}^l) * \delta_j^l \right)$$

$$\frac{\partial \sigma \left(\mathrm{IQT} \left(\sum_{i \in M_i} \mathrm{QT}_x(x_i^{l-1}) * \mathrm{QT}_k(k_{ij}^l) + \mathrm{QT}_b(b_j^l) \right) \right)}{\partial \mathrm{IQT} \left(\sum_{i \in M_i} \mathrm{QT}_x(x_i^{l-1}) * \mathrm{QT}_k(k_{ij}^l) + \mathrm{QT}_b(b_j^l) \right)} \cdot \frac{1}{S_{x_i^{l-1}}}$$

$$= \left(\sum_{j \in M_j} k_{ij}^l * \delta_j^l \right) \cdot \frac{\partial \sigma \left(\mathrm{IQT} \left(\sum_{i \in M_i} \mathrm{QT}_x(x_i^{l-1}) * \mathrm{QT}_k(k_{ij}^l) + \mathrm{QT}_b(b_j^l) \right) \right)}{\partial \mathrm{IQT} \left(\sum_{i \in M_i} \mathrm{QT}_x(x_i^{l-1}) * \mathrm{QT}_k(k_{ij}^l) + \mathrm{QT}_b(b_j^l) \right)}$$

$$(3-51)$$

公式化简后与常规卷积梯度更新过程是一致的。量化卷积层与常规卷积层相比，误差反向传播增加了量化和逆量化两个中间步骤。经过上述推导可得，中间步骤需要对反向传播的误差进行线性变换。训练时，量化网络中所有的数据都采用浮点表示，从而保证了量化卷积层能够正常参与网络训练。量化

卷积层的训练如表3-7所列。

表3-7 量化卷积层的训练

输入:具有可训练参数 Θ 的量化卷积层;
　　输入特征图及随机选择的最大值 max_x 和最小值 min_x
输出:量化卷积层输出特征图

1. 循环 所有小批量:
2. 参数量化;
3. 采用单个小批量的特征图量化算法对输入特征图量化,完成 max_x 和 min_x 的更新;
4. 卷积运算;
5. 进行逆量化;
6. 根据损失函数求取梯度,梯度更新优化参数 Θ;
7. 结束循环

(3)平均梯度方向响应空洞卷积层量化。

本节中,平均梯度方向响应卷积方向通道设置为4,为了与量化位宽 N 的符号区分开,这里方向通道数用 C 表示。前向过程中参与卷积运算的是量化后的卷积核以及量化后的特征图,而需要更新的参数是原始未进行量化的卷积模板。量化平均梯度方向响应卷积更新过程可表示为

$$k_{ij}^{l+} = k_{ij}^{l} - \lambda \frac{1}{C} \sum_{c=0}^{C-1} \frac{\partial \text{loss}}{\partial k_{ijc}^{l}} \tag{3-52}$$

由链式法则可得

$$k_{ij}^{l+} = k_{ij}^{l} - \lambda \frac{1}{C} \sum_{c=0}^{C-1} \left(\frac{\partial \sigma \left(\text{IQT} \left(\sum_{i \in M_i} \text{QT}_x(x_i^{l-1}) * \text{QT}_{kc}(k_{ijc}^{l}) + \text{QT}_{bc}(b_{jc}^{l}) \right) \right)}{\frac{\partial \sigma \left(\text{IQT} \left(\sum_{i \in M_i} \text{QT}_x(x_i^{l-1}) * \text{QT}_{kc}(k_{ijc}^{l}) + \text{QT}_{bc}(b_{jc}^{l}) \right) \right)}{\partial \sum_{i \in M_i} \text{QT}_x(x_i^{l-1}) * \text{QT}_{kc}(k_{ijc}^{l}) + \text{QT}_{bc}(b_{jc}^{l})}} \cdot \frac{\partial \sum_{i \in M_i} \text{QT}_x(x_i^{l-1}) * \text{QT}_{kc}(k_{ijc}^{l}) + \text{QT}_{bc}(b_{jc}^{l})}{\partial \text{QT}_{kc}(k_{ijc}^{l})} \cdot \frac{\partial \text{QT}_{kc}(k_{ijc}^{l})}{\partial k_{ijc}^{l}} \right)$$

$$\tag{3-53}$$

进一步求解可得

$$k_{ij}^{l+} = k_{ij}^{l} - \lambda \frac{1}{C} \sum_{c=0}^{C-1} \left(S_{k_{ij}^{l}} S_{x_i^{l-1}} (\delta_j^{l} * \text{QT}_x(x_i^{l-1})) \frac{1}{S_{k_{ijc}^{l}}} \right) \tag{3-54}$$

实际上,如果量化间隔足够小(量化位宽足够大),则式(3-54)可以进一步化简为

$$k_{ij}^{l+} = k_{ij}^l - \lambda \frac{1}{C} \sum_{c=0}^{C-1} (\delta_{jc}^l * x_i^{l-1}) \qquad (3-55)$$

由此可知,本质上这与常规平均梯度方向响应卷积更新过程一致。由于在多尺度目标检测模型网络的卷积层中没有使用偏置参数,因此不再对其更新过程进行单独说明。平均梯度方向响应卷积模板更新需要在反向传播过程中计算出基础卷积模板的梯度,梯度反向传播示意图如图 3-38 所示。反向传播时量化方向响应卷积模板的 C 个通道的梯度先求和,然后再除以量化的线性变换间隔,从而得到平均梯度方向响应卷积模板的更新参数。

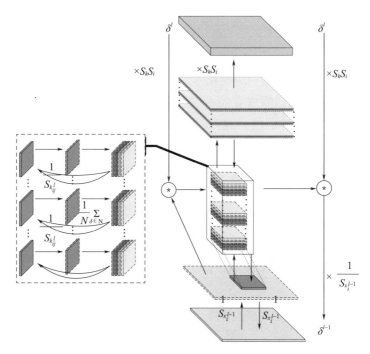

图 3-38 平均梯度方向响应卷积梯度反向传播示意图

为了考察以上所述机场飞机目标检测算法的性能,选取机场图像遥感影像共 100 余幅对算法进行性能测试,实验测得测试飞机的检测率优于 90%,虚警率优于 20%。典型机场飞机目标检测结果图像如图 3-39 和图 3-40 所示。

图 3-39　美国 Dyess 机场飞机目标检测结果图像

图 3-40　关岛安德森空军基地飞机目标检测结果图像

3.5 其他光学遥感数据在轨处理

下面针对多/高光谱遥感、红外遥感在轨处理检测处理进行论述。

3.5.1 多/高光谱遥感目标在轨检测

由于高光谱遥感能够获取地物具有极强辨识性的光谱信息,在目标识别、地物分类等方面具有独特优势,而且随着现代遥感技术的飞速发展,高光谱遥感成像谱段越来越多。这一方面使得卫星可获取更加丰富的地物光谱信息,另一方面也导致高光谱卫星观测数据量的急速膨胀,传统的"星上数据采集、下传地面处理"的高光谱卫星数据处理方式难以满足对目标检测时效性的需求。因此,各主要航天国家均对如何在轨进行高光谱数据处理开展探索研究。

美国搭载全色成像仪和超光谱成像仪的海军地球绘图观测者(Naval Earth-Map Observer, NEMO)卫星,可实现在轨光谱分解分类、数据压缩等功能[28-29];美国搭载高分辨率的超光谱成像仪的 TacSat-3 战术小卫星,实现了高光谱在轨先期战场信息调查、战备毁伤评估等功能。国内虽然也在逐步加快星上高光谱探测的研究,神州三号无人飞船[30]、嫦娥-1月球探测器[31]、天宫一号目标飞行器[32]、环境与减灾小卫星星座[33]等航天器均搭载高光谱传感器,执行对地观测任务,但是仅能实现大气校正等简单处理,尚无在轨目标探测功能。因此,高光谱数据在轨处理方面,国内相较于美国尚存在差距。这种现象是由诸多因素造成的,其中一个较为关键的原因是当前高光谱目标探测方向的研究大多集中于如何提高目标检测率,所设计算法的计算复杂度较高,没有考虑到实际应用中高光谱目标检测任务对于数据处理时效性的需求,难以在轨实现。

高光谱在轨实现目标探测任务主要面临以下问题:①高光谱卫星成像谱段较多,观测数据量大;②高光谱卫星空间分辨率较低,目标以亚像元的形式存在,探测困难;③与光学、合成孔径雷达(Synthetic Aperture Radar, SAR)卫星目标探测的依据不同,高光谱主要依靠光谱信息进行目标的探测,星上如何快速进行光谱相似度的比对也是高光谱在轨实现目标探测所面临的问题之一。高光谱要实现在轨目标探测的任务,应该有针对性地对这些问题设计解决方案。本节以高光谱在轨海域背景飞机目标检测为例,在论述高光谱在轨目标探测所面临的若干问题的同时,提出在轨进行飞机目标探测的算法框架,如图3-41

所示。首先,采用在轨快速数据筛选的策略,基于先验目标、背景光谱特性,大范围去除明显不包含目标的冗余数据;然后,为进一步提高观测数据利用时效性,在星上对疑似目标区域进行初步判定,为后续在轨目标判定提供更加准确的观测数据;最后,借助地面先验分析的目标与背景光谱差异性区间,在轨实现低复杂度的快速光谱匹配。

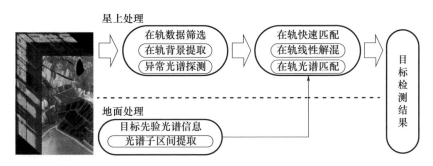

图3-41　高光谱在轨飞机目标检测框架

3.5.1.1　在轨数据快速筛选

在轨数据快速筛选主要解决"观测数据海量、目标数据微量"的问题,提升观测数据与任务的关联性,去除大量与任务无关的背景数据。在此,以飞机目标探测任务为导向,采取层次化筛选策略,去除海量不包含疑似飞机目标的无效观测数据,初步保留有效数据。其数据处理流程图如图3-42所示。

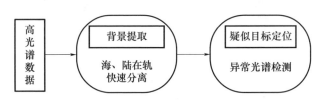

图3-42　高光谱在轨飞机目标检测数据处理流程图

通过在轨快速分离海、陆及海岛等地物,为星上数据快速筛选提供可靠纯净背景;通过异常光谱检测技术,实现高光谱数据海域背景中异常光谱像元的检测,获取疑似飞机目标位置。本节采取背景提取与异常检测相结合的策略,实现冗余数据的层次化去除,极大减小后续处理数据量。采用50景实测高光谱卫星观测对在轨数据筛选策略进行仿真验证,如表3-8所列。通过在轨层次化的数据筛选,可以有效去除近90%~98%的无效数据,大幅度减少后续在轨处理数据量。

表 3-8　高光谱卫星数据层次化筛选策略仿真验证结果

测试数量	疑似目标区域占比	检测率
50景（1000×1000×124）	<5‰	98.7%

1）背景信息提取

高光谱图像中像素的亮度反映了物质在不同波段对太阳辐射的反射能力。飞机目标与海域背景在特定范围光谱内的特性差异主要体现在：海域背景在可见光和近红外波段范围内对太阳辐射具有较强的吸收特性，在高光谱图像上表现为幅值较小。因此，在近红外谱段范围采用自适应阈值分割技术，可实现海域背景信息的提取。背景信息提取流程及效果如图3-43所示。

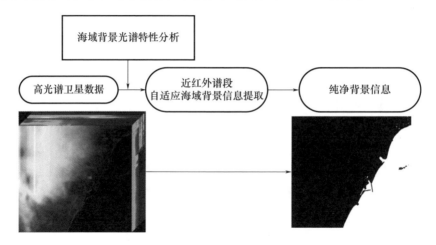

图 3-43　背景信息提取流程及效果

在实际高光谱卫星所获取的观测数据中，海域背景的光谱受大气环境影响，经常存在一定程度的差异性的问题。本节提出基于类内类间方差约束的阈值分割算法，通过引入特定谱段背景光谱类内变化差异的约束，实现更加稳定海域背景信息提取，有

$$L = \frac{\sigma_B^2}{\sigma_0^2} = \frac{\omega_0 (\mu_0 - \mu_T)^2 + \omega_1 (\mu_1 - \mu_T)^2}{\frac{1}{\omega_0} \sum_{i=1}^{L} (i - \mu_0)^2 p_i} \quad (3-56)$$

$$L(k^*) = \max_{1 \leq k \leq L} L(k) \quad (3-57)$$

式中：ω_0 和 ω_1 分别为观测区域内海域背景和非海域地物像素级的累积分布函数；μ_0，μ_1 和 μ_T 分别为海域背景、非海域地物和整张图像的均值；σ_B^2 为海域背景

和非海域地物的方差;k^*为海域背景图像自适应分割阈值。

2) 异常光谱检测

在海域背景提取的基础上,可以利用高光谱异常检测算法实现海洋背景中疑似飞机目标的初步定位。高光谱图像中异常是指光谱异常,它是由于地物的反射和辐射造成的[34]。高光谱异常检测不依赖于先验的光谱信息,主要依靠计算局部区域的统计变化来检测异常目标[35]。常用的高光谱异常检测算法有RX(Reed Xiao,RX)算法[36]及其改进算法等[37]。传统的RX算法是在一些简化的假设条件下构造似然比检测算子,算法假定数据服从局部正态分布,存在一定的局限性,其结果存在虚警过多的问题;RX改进算法大多针对这一问题,提高异常检测的准确率,但是也引入额外的计算开销,运算量较大。在轨进行高光谱目标检测处理时,主要考虑在轨处理的运算量问题,且异常检测用于疑似目标的初步定位,可以容忍一定程度的虚警存在,有

$$\mathbf{RX}(\boldsymbol{r}) = (\boldsymbol{r}-\boldsymbol{\mu}_b)^\mathrm{T}\boldsymbol{C}_b^{-1}(\boldsymbol{r}-\boldsymbol{\mu}_b) \qquad (3-58)$$

式中:$\boldsymbol{r}$为待检测像元光谱;$\boldsymbol{\mu}_b$为背景窗口均值;$\boldsymbol{C}_b$为背景窗口协方差矩阵。

3.5.1.2 在轨目标判定

高光谱在轨数据筛选是通过纯净背景分割、异常光谱提取层次化去除大量与目标探测任务无关的冗余数据,但是仅依靠无监督的在轨数据筛选,无法判断所提取异常区域是否包含目标。在此,可采用基于目标先验信息的异常目标在轨初判别策略,在轨对数据筛选部分所获取的疑似异常区域进行初步判定,实现在轨的目标探测。其数据处理流程图如图3-44所示。

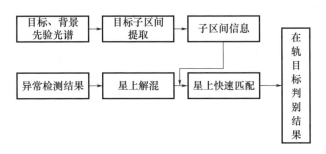

图3-44 在轨快速匹配检测数据处理流程

基于卫星高光谱传感器成像参数以及目标空间尺寸信息,计算目标空间占比,并结合海域背景先验光谱信息,在轨进行亚像元线性解混,提取混合像元中背景、非背景光谱信息;基于目标先验光谱信息,对所提取的非背景光谱进行在轨快速匹配,判断混合像元构成光谱中是否包含待测目标光谱。

按照3种真实类型目标在混合像元中占比进行异常目标在轨解混仿真实验。其中,各类目标在混合像元中占比分别为:第一类目标(5%);第二类目标(1%);第三类目标(3%)。海域背景光谱、目标1与背景混合光谱,以及3类目标标准参考光谱,如图3-45所示。

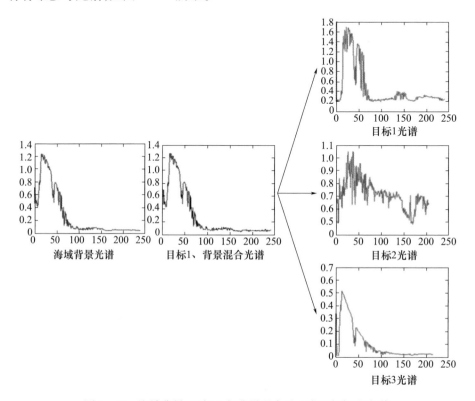

图3-45　海域背景、目标1与背景混合及3类目标标准光谱

在不同信噪比情况下按照初解混策略提取非背景光谱,并与3类目标的标准光谱进行相似性判定,从而初步判定非背景光谱是否为3类目标光谱(光谱角距离,距离越小表示两条光谱越相似)。对不同信噪比情况下的混合光谱解混进行仿真验证,如表3-9所列。

表3-9　基于先验信息的第一类型目标混合光谱解混及相似性判定

信噪比	80	100	120
相似性	0.6182	0.4275	0.3665

1)高光谱数据在轨线性解混

高轨高光谱卫星观测数据空间分辨率较低,目标以不同空间占比的亚像元的形式存在于单个像元中。目标光谱被背景光谱严重污染,所在亚像元中目标本身光谱特征难以体现,无法直接利用这种混合的光谱进行目标的探测。因此,需要结合目标先验空间尺寸信息、卫星传感器成像参数以及背景光谱信息,有针对性地进行解混,提取混合像元构成光谱,为目标的探测提供信息。

在轨线性解混示意图如图 3-46 所示。首先,对混合像元进行空间建模。假定高光谱成像传感器最小空间分辨率为 100m,所要探测的飞机目标在单像元中空间占比可依据目标尺寸的大小先验获取。然后,根据所建立的空间模型中目标在像元中的面积比例,按照线性混合方式确定混合光谱中背景光谱的占比。最后,从混合光谱中减去相应比例的背景光谱,得到目标光谱,实现在轨线性解混。其中,为保证背景光谱信息的准确性,减少噪声对背景光谱的影响,背景光谱可由星上采集的目标周围光谱加权得到。该方法计算复杂度低,仅需进行简单的乘加运算,适用于在轨资源受限的应用环境。

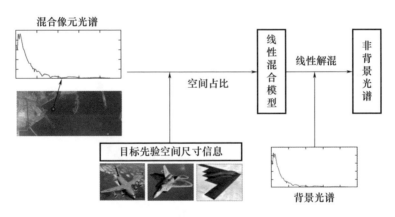

图 3-46 在轨线性解混示意图

2) 高光谱在轨快速光谱匹配

高光谱观测数据谱段数目多,谱间信息存在较为严重的冗余,这一方面对目标的探测造成干扰,另一方面导致星上光谱匹配计算量较大,制约星上目标探测性能及实时性。因此,为提高目标在轨匹配准确率及匹配速度,对目标先验光谱特性进行分析,获取能够稳定区分目标与背景的光谱子区间。在此基础上,采用目标、背景稳定区分的光谱子区间进行在轨光谱匹配,不仅能够减少匹配算法处理数据量,而且能够降低冗余光谱数据对匹配精度的影响,增强线性解混下目标光谱的匹配鲁棒性。

(1) 光谱子区间提取。

高光谱通过几百个连续窄谱对地物成像,能够获取反映目标固有理化属性的光谱信息[38]。因此,目标光谱与背景光谱在两者吸收、反射特性不同的谱段范围内将存在较大的差异性。若能够提取出这些能够明显体现目标、背景光谱差异的光谱子区间,则不仅可以降低后续在轨光谱匹配的运算量,提高在轨目标检测速度,而且还能够提升目标光谱与背景光谱的差异性,提高目标检测准确率。

由于先验目标光谱信息与背景光谱信息可以先验获取,因此,其区分性最大的光谱子区间可以在地面进行分析、提取,只需要将子区间的谱段范围上传卫星。在星上直接利用地面分析结果,基于光谱子区间进行光谱匹配识别。光谱子区间的提取可以借鉴时间序列数据分析的策略[39],实现自适应区间长度的子区间提取。光谱子区间提取示意图如图3-47所示。

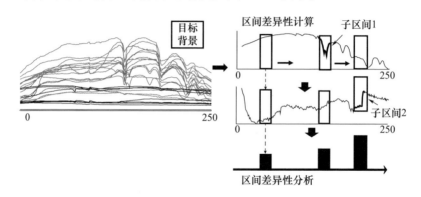

图3-47 光谱子区间提取示意图

通过滑窗获取各个区间长度下目标、背景光谱的相似度,并以目标、背景光谱相似程度最小化为原则,提取能够最大区分目标与背景光谱的光谱子区间。为验证光谱子区间筛选策略及子区间在光谱相似性判定方面的准确性,采用机载可见/红外成像光谱仪(Airborne Visible Infrared Imaging Spectrometer,AVIRIS)高光谱数据进行光谱子区间提取仿真,如表3-10所列。

表3-10 海域背景下飞机目标子区间提取结果(区分度)

全谱段区分度	0.36
子区间区分度	0.51
子区间范围	65:164
区分度提升率	42%
数据减少率	60%

第3章 光学成像卫星在轨处理方法

（2）光谱相似性判定。

光谱子区间筛选是在一定的相似性度量准则下寻找目标光谱与背景光谱差异性最大的光谱区间范围，不同的光谱相似性度量准则很可能得到不同的子区间筛选结果。具体采用何种相似性的度量作为光谱匹配的准则，应该根据高光谱卫星观测数据质量确定。常见的两种光谱匹配方法是基于光谱角[40]的光谱匹配方法和基于欧氏距离[41]的光谱匹配方法，两种方法各有其适用范围。

基于光谱角的光谱匹配不考虑光谱加性噪声的影响，通过衡量光谱间形状的相似性来判断光谱是否为同类光谱，并且对由于拍摄时间、薄云等造成的乘性干扰具有一定鲁棒性，匹配速度快，易于实现。其数学定义为

$$\theta_{\mathrm{ASM}}(\boldsymbol{x},\boldsymbol{y}) = \arccos\left(\frac{\langle \boldsymbol{x},\boldsymbol{y} \rangle}{\|\boldsymbol{x}\| \cdot \|\boldsymbol{y}\|}\right) \qquad (3-59)$$

式中：$\boldsymbol{x}$，$\boldsymbol{y}$ 为两个光谱向量。光谱角越小，说明光谱的形状相似度越大。

基于欧式距离的光谱匹配简单直观，通过衡量光谱间反射率幅值的绝对差异判断光谱是否为同类光谱，该方法能够反映形状接近但幅值不同的非同类目标光谱的差异性，计算简单，适用于快速匹配的应用背景。其数学定义为

$$\mathrm{ED}(\boldsymbol{x},\boldsymbol{y}) = \sqrt{\sum_{k=1}^{L}(\boldsymbol{x}_k - \boldsymbol{y}_k)^2} \qquad (3-60)$$

式中：$\boldsymbol{x}$，$\boldsymbol{y}$ 为两条光谱向量；L 为光谱向量长度。

在此，为分析基于光谱角及基于欧式距离的光谱相似性判定方法，对两种光谱相似性度量进行可视化，如图 3-48 所示。

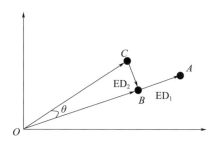

图 3-48 光谱角与欧氏距离相似度对比

三条光谱分别对应空间中 A、B、C 三个点，A、B 间角度为 0、欧式距离为 ED_1，B、C 间的角度为 θ、欧氏距离 ED_2，且 $\mathrm{ED}_2 < \mathrm{ED}_1$。此时，若采用基于光谱角的光谱匹配方法，$A$、$B$ 将会被判为同一类物体；而采用基于欧氏距离的光谱匹配方法，B、C 点更容易被判为同一类。因此，不同的匹配方法、不同的光谱相似

性衡量标准将导致不同的匹配检测结果。

3.5.2 红外遥感在轨目标检测

光学遥感数据在轨处理的另一个重要应用是红外传感器天基监测。红外监测具有侦察范围广、目标特性易辨识及全天时的优势,尤其对军队夜间侦察和作战能力的提升有极大作用,可与可见光侦察形成有效的互补。本节在分析典型红外船只检测算法的基础上,重点对天基红外远洋船只检测算法进行研究。

目前红外船只检测方法主要有基于阈值分割的检测技术[42-44]、基于变换域的检测技术[45-46]和基于形态学的检测技术[47-48]。基于阈值分割的检测技术基本思想是利用红外图像中船只目标和海面背景在纹理和对比度上的差异性,获取分割阈值,提取船只目标,例如文献[49]利用行列均值自适应阈值分割与目标的几何特征相结合的方法确定船只目标。基于变换域的检测技术基本思想是将目标检测转换为频域增强问题,利用显著图提取船只目标,例如文献[50]结合频谱残留变换和恒虚警率(Constant False Alarm Rate,CFAR)算法对船只目标进行检测。基于形态学的检测技术基本思想是利用船只目标的局部极值特性,将其与海面背景分离,例如参考文献[51]对数学形态学中结构元素进行改进,结合不同尺度红外图像进行船只检测。以上检测算法充分利用红外图像中船只目标的灰度特征和背景差异进行目标检测,对背景较为单一的船只目标有较好的检测效果,但大幅宽天基红外图像场景复杂,存在较多的噪声和干扰,如海水波动、云团、岛礁、浅滩等,无法保证船只检测的时效性和适应性,难以满足在轨检测的要求。针对天基红外图像特有的双极性现象和温度分辨特性,本节提出了一种面向大幅宽天基红外图像的远洋船只检测技术,该技术借鉴林肯实验室对遥感图像目标自动解译流程的划分,将检测过程分为预处理、目标候选区提取和疑似目标鉴别三个阶段。通过对各阶段设计有针对性的在轨处理模块,保证船只目标的高检测率,同时有效地剔除各种场景虚警目标的干扰,以满足在轨检测的实时性和软硬件要求。检测流程如图 3-49 所示,本节从算法设计的层面对其中关键技术进行重点介绍。

1)基于星上相对辐射校正的条带噪声去除

由于探元间响应的不一致、读出电路的非均匀性以及偏置电压噪声的影响会导致红外图像成像过程中产生条带噪声,这种噪声不仅严重影响红外图像的质量和解析度,而且破坏了目标在图像中的整体结构,因此,消除条带噪声,提

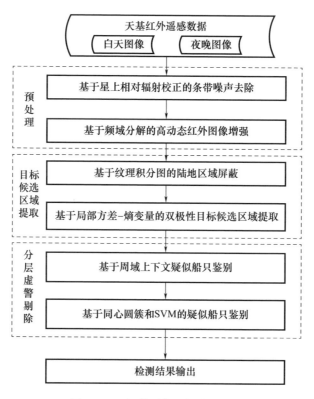

图 3-49 红外图像目标检测流程

高图像信噪比,是进行红外目标检测的前提。本节采用星上相对辐射校正技术去除红外影像的条带噪声[52],基本思想是:①基于最大后验概率理论探究探元光电响应变化的影响因素,以约束条件和加权思想为依托将在轨自适应系统辐射校正模型进行构建;②采取定标数据或实时遥感数据将样本智能筛选模型进行构建,并利用增量统计策略使得辐射定标参数解算精度得到优化;③以地面辐射定标为基础,上注更新定标查找表,星上以此为依据进行相对辐射校正,从而获得校正后的影像。星上辐射校正处理前后结果对比如图 3-50 所示。

2) 基于频域分解的高动态红外图像增强

为提高探测系统的性能,高动态红外传感器(14~16bit)在卫星上被广泛采用,这样可以探测地面丰富的细节信息,但在显示的时候,又需要把它压缩到8bit。因此,在调整图像的动态范围时,一方面需要把图像的动态范围进行压缩,另一方面还保证场景的细节信息完好地表现出来。本节将结合红外成像特

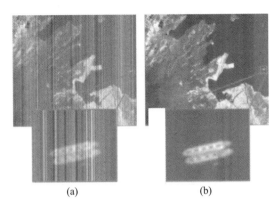

图 3-50 红外图像星上辐射校正处理前后结果对比
(a) 原始影像；(b) 校正后影像。

点，采用基于频域分解的子带图像增强方法来实现高动态范围红外卫星图像的细节增强。首先利用保边缘滤波方法把图像分解为一个平滑层与多个细节层，平滑层中包含图像中低频信息，而每一个细节层中包含某一频率的细节信息；然后把平滑层与细节层分别进行处理，调整平滑层的亮度，防止其过亮或过暗，再把细节层进行拉伸，与调整后的基层进行组合。在处理细节层时，为防止拉伸过程中出现光晕，需要对光晕的地方设计指示因子，等各层组合后对亮度分布进行调整形成增强结果。

3) 基于纹理积分图的陆地区域屏蔽

船只目标只出现在海洋区域，对陆地部分进行船只检测，意义不大且影响检测性能。有效的海陆分割，一方面会大大减少在轨处理的运算量，另一方面可消除陆地的虚警目标。传统基于灰度的海陆分割算法无法克服红外图像成像中存在的双极性现象，本节采用基于积分图（Summed-Area Table，SAT）查找表的方式，对红外梯度特征图像进行纹理积分图重绘和陆地掩膜构建。具体算法流程如下：

(1) 通过逐像素差分方式获得红外梯度特征图像，即

$$\boldsymbol{G}_{\mathrm{horz}} = \frac{1}{rc} \cdot \sum_{x=1}^{r} \sum_{y=1}^{c} \left[1 - \left(\frac{I_{x,y} - I_{x,y+1}}{255} \right)^2 \right] \quad (3-61)$$

$$\boldsymbol{G}_{\mathrm{vert}} = \frac{1}{rc} \cdot \sum_{x=1}^{r} \sum_{y=1}^{c} \left[1 - \left(\frac{I_{x+1,y} - I_{x,y}}{255} \right)^2 \right] \quad (3-62)$$

$$\mathbf{GFM} = \max(\boldsymbol{G}_{\mathrm{horz}}, \boldsymbol{G}_{\mathrm{vert}}) \quad (3-63)$$

(2) 按照 SAT 矩阵对梯度特征图进行积分图重绘,有

$$S_{x,y} = \sum_{i=0}^{x-1} \sum_{j=0}^{y-1} \mathbf{GFM}_{i,j} \quad (3-64)$$

$$\mathbf{Integral}_{\_image} = \mathbf{SAT} \begin{bmatrix} S\left(\frac{n+1}{2}, \frac{n-1}{2}\right)_{\text{texture}} & \cdots & S\left(\frac{n+1}{2}, \frac{n-1}{2}\right)_{\text{texture}} \\ & \ddots & \\ S\left(\frac{n+1}{2}, \frac{n-1}{2}\right)_{\text{texture}} & \cdots & S\left(\frac{n+1}{2}, \frac{n-1}{2}\right)_{\text{texture}} \end{bmatrix} \quad (3-65)$$

(3) 利用双峰均值自适应分割算法对重绘后的积分图进行分割,得到陆地掩膜。典型分割过程如图 3-51 所示。

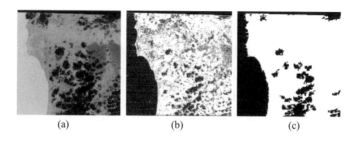

图 3-51 典型分割过程

(a) 原始红外图像;(b) 积分图重绘;(c) 基于积分图分割结果。

4) 基于局部方差—熵变量的双极性目标候选区域提取

目标候选区域提取在红外船只检测中占有重要地位,是保证船只检测率的重要前提。传统的目标候选区域提取算法都假设目标区域亮度高于背景的亮度,从而设计检测算法。通过红外特性的分析可知,红外船只具有明显的双极性,目标与背景的对比度关系存在多种情况。但是值得注意的是,红外船只目标自身能量在局部范围背景中显著性较强,即目标在局部范围内会与背景部分形成较大差异。基于该特点,在描述图像过程中,本节将红外船只目标主体部分突出体现,故选择采用基于多尺度局部方差—熵变化量算法来描述整幅图像[54]。

描述图像纹理的常用手段是局部方差和局部熵,利用局部方差或局部熵对图像局部窗口中灰度分布的复杂情况做出有效表征,但是表征效果受到所选尺度的影响,若尺度选择偏差较大则无法正确反映情况。本节中构造的局部方差和局部熵计算公式如式(3-66)和式(3-67)所示。针对红外船只目标所在区域而言,其局部方差和局部熵因受到尺度变化影响而产生的变化量相较于平缓

的海面背景更为明显。故本节将利用多尺度条件下的局部方差与局部熵得到乘积的最大值与最小值的差值来对图像中像素进行表征[55],从而凸显出双极性船只区域。

$$D(x,R) = \sum_{(i,j) \in R} \left[g(i,j) - \frac{1}{S_R} \sum_{(i,j) \in R} g(i,j) \right] \quad (3-66)$$

$$H(x,R) = - \sum_{g \in (1,\cdots,r)} p(g,x,R) \lg p(g,x,R) \quad (3-67)$$

式中:$D(x,R)$为以x为中心的局部区域R内的方差;i,j为区域R内像素的坐标;$g(i,j)$为像素(i,j)的灰度值;S_R为区域R内的像素总数;$H(x,R)$为以x为中心的局部区域R内的熵;$p(g,x,R)$为以x为中心的局部区域R内灰度g出现的概率。

经过多尺度局部方差—熵变量的变换后,图像中船只目标和其他过渡区域都得到了有效的增强,过渡区域的增强在候选区域分割提取时可能产生联结作用,不利于后续阈值分割。根据海面红外船只图像的特点,本节采用多尺度局部方差—熵变化量和梯度方向方差对二维直方图进行构建,并以最大化二维熵为准则确定相应的二维分割门限,提取出船只目标的候选区域。典型船只候选区域提取如图3-52所示。

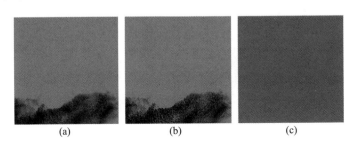

图3-52 船只候选区域提取
(a)红外图像;(b)显著性增强图;(c)阈值分割图。

5)基于周域复合上下文的疑似船只鉴别

大视场远洋环境中存在大量与船只目标特征属性相似的虚警物,为合理分配星上有限的计算资源,对船只目标候选区域进行鉴别十分必要。由于红外图像空间分辨率限制,远洋碎云、碎浪等虚警在表面特征鉴别信息(灰度、纹理特性)上与船只目标相似,较难鉴别。为了更加有效地鉴别这些"似船"的虚警,引入目标在周域上下文的差异性作为鉴别依据。本节提出一种基于周域复合上下文的疑似目标鉴别方法,具体步骤如下。

(1) 目标周域划分。

如图 3-53 所示,以候选区提取阶段获得的候选目标 ROI 为中心,将其周围邻域均匀地划分为若干个方形小格 $I_1,I_2,\cdots,I_N$,每个小格与候选目标 ROI 的尺寸相同。

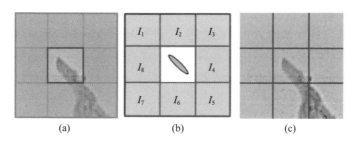

图 3-53 候选目标 ROI 邻域划分方法

(a) 候选目标 ROI;(b) 候选目标 ROI 的邻域划分原则;(c) 邻域划分示例。

(2) 区域梯度计算。

通过对获得的区域块进行逐像素差分得到梯度图像,其中梯度图像中每个点的灰度值是该点在原图中两个坐标方向上的梯度模值。

(3) 灰度及梯度差异性计算。

首先进行像素间差异性度量。对于两个像素之间的关系可以用其灰度值(梯度值)的差距和坐标距离来表征,有

$$d(p_i,q_k) = \frac{d_{\text{grey}}(p_i,q_k)}{b + d_{\text{distance}}(p_i,q_k)} \qquad (3-68)$$

式中:$d_{\text{grey}}(p_i,q_k)$ 为两个像素 p_i,q_k 的灰度(梯度)差异;$d_{\text{distance}}(p_i,q_k)$ 为两个像素 p_i,q_k 的坐标距离差异;b 为固定偏置。一个像素与一个区域中像素之间的差异性可以用 $d(p_i,q_k)$ 的累加来表征,即

$$S_i = 1 - \exp\left\{-\frac{1}{k}\sum_{k=1}^{K} d(p_i,q_k)\right\} \qquad (3-69)$$

其次进行周域像素差异性计算。通过对每个像素相对于整个周域的差异性进行计算,可以得到一幅与原区域等大的局部差异性图像,求取该部分图像均值作为周域像素的差异性 S_0。差异性图像的均值可表示为

$$\bar{S} = \frac{1}{M}\sum_{i=1}^{M} S_i \qquad (3-70)$$

式中:M 为区域包含的像素数量。

再次进行周域像素与疑似船只目标区域差异性计算。同样使用上述过程

可以得到疑似目标船只区域每个像素与周域所有像素的差异性,表示为一幅与疑似目标区域等大的幅度图像,其均值定义为目标与周域差异性 S_1。同样利用上述计算策略可得到两种梯度差异性,分别记为 S_3 和 S_4。

(4) 融合判决鉴别。

由于差异性的值代表了区域的差异性程度,归一化后的差异性 V_0,V_1,V_2,V_3 的值越大,则目标为船只的可能性越大,可用其代表证据的基本分配函数值。4 组均值利用 D-S 证据理论对差异性进行融合计算,使用计算结果对目标疑似区域进行判断,判为虚警的则直接剔除,判为疑似船只的则可以保留进行后续处理。

6) 基于同心离散圆簇和 SVM 的疑似船只鉴别

红外船只目标具有较好的保形性,形状特征可作为重要的鉴别手段。本节首先通过提取同心离散圆簇形状特征[58]对目标进行快速描述,如图 3-54 所示;然后通过降采样保留图形的主要特征,以牺牲形状细节特征的小代价换取特征提取速度性能的大提升,且具有良好的平移、旋转和尺度不变性,可以提高红外目标的检测精度;最后利用 SVM 对目标属性进行分类判别。算法设计步骤如下。

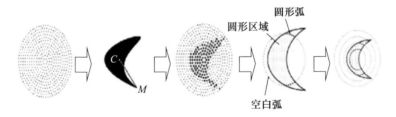

图 3-54　同心离散圆簇特征的提取流程

(1) 创建疑似船只目标的同心离散圆簇,计算所有离散点坐标(或读取已经保存的数据)。

(2) 计算图形的质心和最大半径。

(3) 将图形映射到同心离散圆簇模型上。

(4) 利用特征函数提取单个圆环的弧特征,主要包括图形弧长度之和、弧段数量、弧长比值特征(该特征包含两部分:一是图形弧中最短弧长与最长弧长之间的比值;二是空白弧中最短弧与最长弧之间的比值,统称为相对弧长)。

(5) 将圆环特征组成四维特征向量得到同心离散圆簇形状特征。

(6) 利用 SoftMax 等算法对多维特征进行归一化,通过 SVM 对疑似船只进行鉴别,采用基于径向基函数(Radial Basis Function,RBF)为核函数的 SVM 作为鉴别器。

3.6 小结

本章系统地讨论了可见光遥感数据的在轨预处理技术、在轨压缩与质量评价、在轨目标检测分类技术,以及其他光学遥感数据的在轨处理技术,在星上资源和环境严格约束条件下,从算法设计层面突破了光学遥感数据在轨应用中的各项关键技术,为地面遥感信息处理功能的在轨实现提供了可靠的技术支撑。随着卫星成像技术的发展,光学遥感图像的空间分辨率得到了极大的提升,对可检测目标类型和检测性能提出了更高的要求,深度学习和智能化处理技术的研究将成为未来在轨处理算法领域的重要方向。

此外,在轨资源的合理利用需综合考虑算法性能、抗辐照芯片效能和实时处理平台架构等多方面技术的限制和需求,各技术环节相互制约与协同,从而保障在轨处理的各项功能实现。本章对在轨处理算法进行了较为详细的探讨,后继章节将重点从在轨处理功能实现和效能提升的角度,讨论高性能、高可靠性的抗辐照芯片架构设计和通用、高效、低功耗的实时处理平台架构构建。

参考文献

[1] 王水根. 面向在轨处理的遥感图像质量评价方法研究[D]. 北京:北京理工大学,2018.

[2] 刘延武. 舰船红外图像的传输与识别[J]. 计算机仿真,2011,28(2):316-319.

[3] 朱宏殷. 星上成像均匀性及实时自动调光的研究[D]. 长春:中国科学院,2012.

[4] 闫宇松,龙腾. 遥感图像的实时云判技术[J]. 北京理工大学学报,2010,30(7):5.

[5] Lier P, Moury G A, Latry C, et al. Selection of the SPOT5 image compression algorithm[J]. proc spie, 1998.

[6] Sun Huixian, Wu Ji, Dai Shuwu. Introduction to the payloads and the initial observation results of Chang'E-1. Chin [J]. Space Sci, 2008, 28(5):374-384.

[7] Yuksel G, Belce O, Urhan H. BILSAT-1: first Earth observation satellite of Turkey – operations and lessons learned[C]//International Conference on Recent Advances in Space Technologies. IEEE, 2005.

[8] YE H, Pen Shu, MOU R Y, et al. The CCSDS Data compression recommendations: Development and status[J]. Spie Proceedings, 2002. DOI:10.1117/12.455372.

[9] 沈兰荪,卓力. 小波编码与网络视频传输[M]. 北京:科学出版社,2005.

[10] 余燕英. 一种基于SPIHT改进的ROI图像编码方法[D]. 南京:南京邮电大学,2012.

[11] 徐勇,徐智勇,张启衡,等. 嵌入掩膜的SPIHT任意形状ROI编码[J]. 光电工程, 2009, 36(9):118–124.

[12] 许志涛. 基于CCSDS的遥感图像感兴趣区域压缩研究[D]. 长春:中国科学院,2014.

[13] 马舜峰. 星载CCD遥感相机图像压缩技术研究[D]. 长春:中国科学院, 2011.

[14] 武文波,王琨,陈大羽,等. CCSDS在遥感图像压缩中的应用研究[J]. 航天返回与遥感, 2010,31(2):46–50.

[15] Wang Z, Bovik A C. Mean squared error: love it or leave it? A new look at signal fidelity measures [J]. IEEE Signal Processing Magazine, 2009, 26(1): 98–117.

[16] Wang Z, Bovik A C, Sheikh H R, et al. Image quality assessment: from error visibility to structural similarity [J]. IEEE Transactions on Image Processing, 2004, 13(4): 600–612.

[17] Liu A, Lin W, Narwaria M. Image quality assessment based on gradient similarity [J]. IEEE Transactions on Image Processing, 2012, 21(4): 1500–1512.

[18] Zhang Lin, Zhang Lei, Mou X, et al. FSIM: A feature similarity index for image quality assessment [J]. IEEE Transactions on Image Processing, 2011, 20(8): 2378–2386.

[19] Wu J, Lin W, Shi G. Perceptual quality metric with internal generative mechanism [J]. IEEE Transactions on Image Processing, 2013, 22(1): 43–54.

[20] Ioffe S, Szegedy C. Batch normalization: Accelerating deep network training by reducing internal covariate shift[J]. JMLR. org, 2015.

[21] Nair V, Hinton G E. Rectified linear units improve restricted boltzmann machines[C]. 27th international conference on machine learning (ICML–10), 2010: 807–814.

[22] Wang P, Chen P, Yuan Y, et al. Understanding convolution for semantic segmentation[C]. IEEE Winter Conference on Applications of Computer Vision (WACV), 2018: 1451–1460.

[23] Yu F, Koltun V. Multi–scale context aggregation by dilated convolutions[C]. International Conference on Learning Representations, 2016.

[24] Long J, Shelhamer E, Darrell T. Fully convolutional networks for semantic segmentation [C]. IEEE conference on computer vision and pattern recognition, 2015: 3431–3440.

[25] Maas A L, Hannun A Y, Ng A Y. Rectifier nonlinearities improve neural network acoustic models[C]. icml, 2013: 3.

[26] Denil M, Shakibi B, Dinh L, et al. Predicting parameters in deep learning[C]. neural information processing systems, 2013: 2148–2156.

[27] Zhou Y, Ye Q, Qiu Q, et al. Oriented response networks[C]. IEEE Conference on Computer Vision and Pattern Recognition, 2017: 519–528.

[28] Wilson T L, Davis C O, Strojnik M, et al. Hyperspectral remote sensing technology

(HRST) program and the Naval EarthMap Observer (NEMO) satellite[J]. Proc Spie,1998,3437:2-10.

[29] Davis C O. Naval EarthMap Observer (NEMO) satellite[C]. Spies International Symposium on Optical Science. International Society for Optics and Photonics,2011.

[30] 袁迎辉,林子瑜. 高光谱遥感技术综述[J]. 中国水运(学术版),2007,7(008):155-157.

[31] 平树. 嫦娥1号探月卫星及其研制[J]. 中国航天,2005(2):12-18.

[32] 覃先林,朱曦,杨飞,等. 天宫一号高光谱数据探测火情状态敏感谱段分析[J]. 光谱学与光谱分析,2013(7):1908-1911.

[33] 马丽云,胡列群,梁凤超,等. 基于实测光谱的环境减灾卫星 HSI 数据应用实效性检验[J]. 干旱区资源与环境,2013,27(9):129-134.

[34] 童庆禧,张兵,郑兰芬. 高光谱遥感:原理、技术与应用[M]. 北京:高等教育出版社,2006.

[35] 梅锋. 基于核机器学习的高光谱异常目标检测算法研究[D]. 哈尔滨:哈尔滨工程大学,2009.

[36] Reed I S, Yu X. Adaptive multiple-band CFAR detection of an optical pattern with unknown spectral distribution[J]. IEEE Transactions on Acoustics Speech & Signal Processing,1990,38(10):1760-1770.

[37] 史振威,吴俊,杨硕,等. RX 及其变种在高光谱图像中的异常检测[J]. 红外与激光工程,2012,41(3):796-802.

[38] 王耀利. 基于 AOTF 的光谱偏振成像系统及其成像质量研究[D]. 太原:中北大学,2016.

[39] Zakaria J, Mueen A, Keogh E. Clustering Time Series Using Unsupervised-Shapelets[C]. IEEE International Conference on Data Miming,2012.

[40] Kruse F A, Lefkoff A B, Boardman J W, et al. The Spectral Image Processing System (SIPS)-Interactive Visualization and Analysis of Imaging Spectrometer Data[J]. Remote Sensing of Environment,1993,44(2-3):145-163.

[41] Chang C I. Hyperspectral Imaging:Techniques for Spectral Detection and Classification[M]. Plenum Publishing Co.,2003.

[42] Wang X. Ship target detection and tracking in cluttered infrared imagery[J]. Optical Engineering,2011,50(5):057207-057207-12.

[43] Tang D, Sun G, Wang D, et al. Research on infrared ship detection method in sea-sky background[J]. Proceedings of SPIE-The International Society for Optical Engineering,2013,8907(2):165-189.

[44] 毕福昆,高立宁,龙腾,等. 结合视觉显著性引导与分类器融合的遥感目标检测[J]. 红外与激光工程,2011,40(8):2058-2064.

[45] Mumtaz A, Jabbar A, Mahmood Z, et al. Saliency based algorithm for ship detection in infrared images[C]//International Bhurban Conference on Applied Sciences and Technology. IEEE, 2016.

[46] Zheng H. Ship detection in IR image under complex clutter sea – sky background[J]. Ship Science & Technology, 2016.

[47] Li T, Cao Z, Li X. An approach for in – harbor ship detection in complex background[C]//Eighth International Symposium on Multispectral Image Processing and Pattern Recognition. International Society for Optics and Photonics, 2013:891809 – 891809 – 8.

[48] Li – Qun X U. Ship – Target Detection from Forward – Looking Infrared Image Based on the PDE[J]. Optics & Optoelectronic Technology, 2013.

[49] Kadyrov A, Yu H, Liu H. Ship Detection and Segmentation Using Image Correlation[C]//IEEE International Conference on Systems, Man, and Cybernetics. IEEE Computer Society, 2013:3119 – 3126.

[50] 张志龙,杨卫平,张焱,等. 基于频谱残留变换的红外遥感图像舰船目标检测方法[J]. 武汉大学学报, 2015, 37(9):2145 – 2150.

[51] 李俊基. 基于数学形态学的海面红外舰船目标检测算法研究[D]. 济南:山东大学, 2012.

[52] 王密,杨芳. 智能遥感卫星与遥感影像实时服务[J]. 测绘学报,2019,48(12):1586 – 1594.

[53] 赵菲,卢焕章,张志勇. 自适应双极性红外舰船目标分割算法[J]. 电子与信息学报, 2012,34(10):2432 – 2438.

[54] 徐安林,杜丹,王海红. 结合层次化搜索与视觉残差网络的光学舰船目标检测方法[J]. 光电工程, 2021, 48(4):39 – 46.

[55] 孙景乐. 复杂背景下的视频跟踪技术研究[D]. 北京:北京理工大学, 2013.

[56] 刘文超. 基于卷积神经网络的光学遥感图像目标检测技术研究[D]. 北京:北京理工大学, 2019.

第 4 章
在轨遥感数据处理芯片设计

4.1 概述

卫星上的资源受限,对在轨处理系统的体积、重量、功耗提出了严格约束,而遥感卫星数据率高、数据量大,算法复杂,因此要求所构建的在轨处理系统在单位功耗下具有高效的运算能力。

在轨遥感数据实时处理芯片是实时处理系统的核心,很大程度上决定了处理系统的处理能力和功耗,结合实际应用需求、不同算法运算特点、不同芯片的处理特性,针对性选用适配的处理芯片,以最大化单位功耗下系统的处理性能。

同时,为实现在轨处理系统的稳定可靠,通常需采用具有抗辐照能力的处理器,而抗辐照处理器往往比工业级处理器落后 2~3 代,加大了在轨处理系统的研制难度。

4.1.1 在轨处理器特点和选型分析

目前适用于空间环境应用的处理器主要包括 DSP、FPGA、SoC(AI 芯片)等。在轨处理器比较分析如表 4-1 所列。

表 4-1 在轨处理器件比较分析

处理器类型	通用 DSP	FPGA	SoC
运算能力	中	强	强
存储器接口带宽	中(恒定)	高(可扩展)	中
多片扩展能力	强	强	中

续表

处理器类型	通用 DSP	FPGA	SoC
宇航级产品	缺少高端产品	多高端产品	缺少高端产品
抗单粒子能力	中	低	低
开发难易程度	易	中	易
应用领域范围	大	中	大
国内外主流器件典型性能	FT-M6678H：128GFlops/32bit@1GHz；SMJ320C6701-SP：1.5GFlops/32/64bit@250MHz	JFM7VX690T36：6900万门；XQRKU060：7200万门	Yulong810A：64GFlops
宇航级芯片获取难度	较难	难	较难

（1）DSP 处理器开发简便,采用 C 语言,2~3 周可以完成,但其内部运算单元有限。例如目前最高性能的 C6678 处理器,乘加单元小于 50 个。适合高精度的浮点运算,长期应用于信号处理。

（2）FPGA 处理器内置几千个乘加单元,适合对逐像素、反复大量运算以及处理、IO 能力要求都很高的应用场景。但开发周期较长,往往需要 6~10 个月才能完成一个算法的移植,因此适合于算法模型相对固定的应用,例如 SAR 成像处理。

（3）AI 处理芯片本质上是一种 SoC 处理器,集成大量乘加单元,通过编程实现高效并行运算,提供几个 TOPS 到几十 TOPS 的算力。深度学习算法运算类型比较固定,比较容易在 AI 处理芯片中获得高效率。同时,AI 处理芯片多基于高级精简指令集处理器（Advanced RISC Machines,ARM）内核,可部署操作系统,同时支持 OpenCL/OpenVX 等标准软件接口,可实现与 TensorFlow、Caffe 等主流深度学习软件框架的无缝对接。因此,该芯片适合深度学习类算法的处理。

在轨 SAR 实时成像算法具有运算量大、运算类型多、实时性强的特点,需要大量的逻辑电路资源来实现。光学遥感图像目标检测算法具有输入数据量大、运算步骤多、中间缓存需求量大的特点,对存储资源的需求高。随着 SAR 和光学卫星向更高分辨率、更大测绘带宽发展,由低轨向中、高轨发展,随之而来的是获取的数据率和数据处理复杂度的大幅提升,对在轨处理器的性能要求至少提升 1 个数量级。在星上体积、重量、功耗、空间环境约束条件下,SAR 成像算法和光学图像处理算法实现难度大,通用的 FPGA、DSP 等处理器已经很难满足需求。自主研发高性能在轨 SAR 实时成像处理芯片、在轨光学遥感图像处理芯片是解决以上问题的有效措施。

4.1.2 在轨处理器抗辐照技术分析

遥感卫星轨道高度在 300～36000km 之间，不可避免地会受到宇宙辐射的影响[1]。宇宙辐射由来自宇宙空间的高能粒子组成，其中质子辐射带由地磁场的俘获行为形成，主要分布在 500～10000km 高度；范艾伦辐射带由大量被地磁场俘获的高能太阳风粒子形成，其中内层辐射带主要由质子组成，高度在 600～8000km 之间，而外层辐射带主要由电子组成，高度在 4800～35000km 之间。对高轨卫星来说，宇宙辐射主要来自于质子辐射带和范艾伦辐射带[2]。

空间辐射的高能粒子可导致电子器件的随机故障，进而导致航天器事故的发生，这一现象称为空间粒子效应。空间粒子效应的成因是电离粒子作用在电子器件的内部敏感节点上，导致节点出现随机输出。在空间粒子效应中，单粒子效应(Single Event Effect, SEE)占据主要影响。当单个高能粒子射入到电子器件内部时，内部的能量积累可带来逻辑翻转并导致功能出错。因此，需要对电子设备进行抗辐照加固来提高可靠性，但是抗辐照加固会给整个航天器带来较大的体积和重量负担。

在航天电子设备中，各种型号的中央处理器(Central Processing Unit, CPU)及数字信号处理器通常采用三模冗余手段提高电路的可靠性，可显著地提升航天电子设备的抗辐照能力。随着航天处理器的规模和运行速度的提升，全三模冗余带来的逻辑大、功耗高、性能降低问题越来越突出，逐渐无法适用于在轨遥感实时处理这些大规模数据处理的场合。部分冗余加固技术成为缓解这一问题新的技术途径，这种加固手段的依据是空间粒子的稀疏性和电路功能时效性，即空间粒子需要较长时间间隔才会重复出现，且处理电路中同一时刻只有部分电路在工作，粒子击中关键部件造成电路崩溃的概率较低。通过挑选处理器电路中关键部件并加以防护，辅以系统状态监测、软复位等手段消除电路的翻转状态残留，能够在达到可靠性要求的同时显著降低电路规模。

本章针对星载 SAR 在轨成像处理、在轨图像目标检测处理等需求，对在轨 SAR 成像处理芯片设计、在轨光学遥感图像处理芯片设计和在轨遥感数据处理芯片部分冗余加固设计等问题进行了详述，还介绍了自主研制的高性能抗辐照处理芯片情况。

4.2 在轨 SAR 实时成像处理芯片设计

星载 SAR 具有数据速率高、成像模式多样等特点,而在轨 SAR 实时成像处理需要具备适应大运算量、多种运算类型的实时处理能力,因此需要大量的逻辑电路资源来实现,导致 SAR 实时处理系统的功耗很大,无法满足在轨应用的要求。例如,对于星载 SAR 1m 分辨率 1m、幅宽 100km 模式下的成像处理,如采用宇航级 FPGA 处理器(V5 系列 FPGA)构建在轨处理系统,系统功耗需约 1500W,远不能满足在轨使用的约束条件(通常单机热耗只有 200~300W)。此外,目前高性能 FPGA 容易受单粒子影响,也较难保证其在轨运行的可靠性。因此,亟需自主研发抗辐照的在轨实时专用处理芯片。

设计一个高性能专用处理器,首先需分析处理算法的特点。对于星载 SAR 成像处理,根据第 2 章星载 SAR 一体化成像处理算法的设计,总结其特点如下:

(1)核心成像处理流程相对固定,采用 CS 或 NCS 模型。

(2)各种不同模式可以通过增加或减少预处理、后处理模块来实现。

(3)可重用的处理模块多,占据主要运算量,例如向量级的 FFT、复数乘法、因子计算(包括三角函数、乘方、开方等运算)、二维数据矩阵的转置等。

(4)对二维数据处理,数据访问量很大。

根据上述算法特点,可以得出 SAR 成像处理芯片的设计原则如下:

(1)为满足多模式兼容需求,芯片应采用 SoC 技术途径,通过编程实现多模式处理需求,并采用标准总线,使芯片功能可方便扩展。

(2)针对 SAR 成像中可重用的处理模块部分,芯片应设计高效专用处理模块,以提高处理效率。

(3)具备对数据流处理的能力,设计高效可配置的直接存储器访问(Direct Memory Access,DMA)机制。

(4)尽量满足成像处理和数据输入/输出(Input/Output,I/O)平衡设计。

4.2.1 SAR 成像处理芯片架构

根据上述分析,本节介绍一款星载 SAR 成像处理芯片的架构设计,该架构可以满足高性能、多模式、低功耗的在轨 SAR 实时成像处理需求。

芯片总体设计采用 SoC 架构,针对 SAR 成像处理,设计了专用高效处理引擎,以及可配置的流水处理模块。如图 4-1 所示,在轨 SAR 实时成像处理芯片主要由存储子系统、高速数据接口子系统、CPU 子系统、运算引擎子系统以及全局逻辑与外设组成。

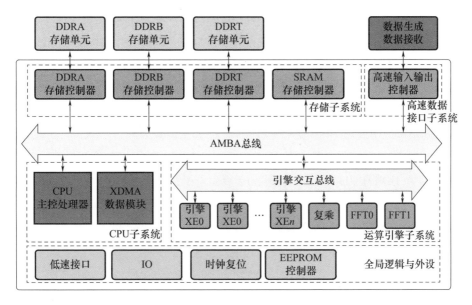

图 4-1　在轨 SAR 实时成像处理芯片架构图

（1）CPU 子系统，主要包括 CPU 主控处理器与 X 直接存储访问（X Direct Memory Access，XDMA）数据模块，主要功能是芯片算法流程控制、部分 SAR 算法参数计算，并负责把按地址存放的数据搬移出来，转化为数据流，送入运算引擎子系统。XDMA 为其中的核心模块，是可编程数据搬移模块，实现存储器间高性能可编程直接访问的功能。

（2）运算引擎子系统，由引擎数据交互总线、复乘/复数 FFT 运算引擎与浮点运算引擎（XEngine，XE）组成，负责算法处理过程中的二维聚焦、去斜补偿以及因子运算等功能。

（3）存储子系统，主要由外部双倍速率同步动态随机存储器（DDR）控制器与内部静态随机存储器（SRAM）/只读存储器（ROM）控制器组成，负责 SAR 成像处理过程中的原图与中间数据缓存。

（4）高速接口子系统，负责实现原始回波数据的高速输入输出，支持单路串行与双路串行两种总线数据接口。

（5）全局逻辑与外设，由时钟、复位、外设访问设备（Peripheral Access Device，PAD）控制以及一些通用外设接口控制器等部分组成，主要负责芯片内部全局逻辑与外设控制。

为提高芯片运行效率,针对 SAR 成像处理特点,该架构设计了高效的流运算引擎、可编程数据搬移模块,并优化了芯片内的网络互联。利用 CPU 配置专用可编程数据搬移模块 XDMA 以及运算引擎子系统各模块工作状态。包括路由地址与运算引擎工作模式等,实现 SAR 数据在多个运算引擎间的流动。数据每流过一个引擎完成一个或多个运算,一次可以流过多个引擎,以完成 SAR 成像处理中某个步骤的运算。多次重复上述操作,从而实现 SAR 成像处理。

以 SAR 成像处理中的"复乘 + FFT/IFFT"关键步骤为例,芯片 CPU 首先配置 XDMA 以及运算引擎子系统各模块工作状态,完成配置后,CPU 会启动 XDMA 模块将保存在 DDR 中的原图数据,搬移到运算引擎子系统中进行复乘与 FFT 运算处理。运算引擎子系统中所涉及的复乘、FFT 以及 XE 运算引擎,都是基于数据流处理的流水架构。数据流进入运算引擎子系统后,先输入到复乘引擎中进行复乘计算,再根据所配置的目的地址,通过运算子总线直接进入到 FFT 引擎中。在完成 FFT 引擎间计算后,数据流会通过 XDMA 写回到 DDR 中缓存,完成一轮复乘/FFT 运算。SAR 运算处理会进行 5~6 轮复乘/FFT 处理,在最后一轮处理时,数据流会通过 XDMA 直接送到直接输入/输出控制(Direct Input/Output Controller,DIOC)模块输出,进而完成一次 SAR 成像处理。整个复乘/FFT 处理的数据流示意图如图 4-2 所示。

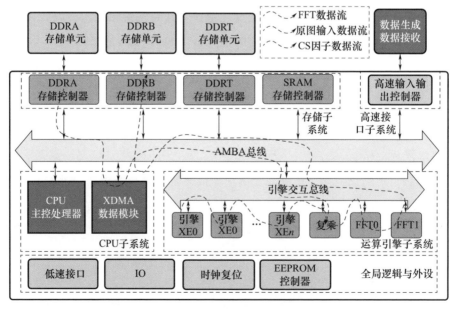

图 4-2 复乘/FFT 处理数据流示意图(见彩图)

4.2.2 组件设计

本节主要针对芯片中关键模块的实现进行介绍与说明。本芯片的核心子系统为 CPU 子系统和运算引擎子系统,而这两个子系统的核心组件分别为 XDMA 数据模块、FFT 运算引擎和 XE 运算引擎。

4.2.2.1 XDMA 数据模块

XDMA 数据模块是 SAR 成像处理芯片中用于进行数据搬移的核心单元。由于星载 SAR 成像处理所需存储量很大,在轨处理对实时性要求十分严格,所以芯片选用 DDR 作为芯片原图与因子数据的缓冲单元。同时,针对 DDR 本身 BANK 访问时延与读写最小传输数据宽度(burst size)的特点,设计一致性事务管理器(Coherent Transaction Manager, CTM)与交织存储方案。这就要求进行数据调度的 DMA 既能满足特殊地址的访问规律,又能保证数据存取的高效性能。

XDMA 数据模块是一个多通道、带命令寄存器堆的 DMA 控制器,分为命令解析单元和命令执行单元两部分。其中,数据访问地址可配置成顺序访问、等长间隔访问、单点连续访问等多种模式。XDMA 负责把存储子系统中的数据搬移出来,转化为数据流,送入运算引擎子系统,并将结果数据放回存储子系统。XDMA 结构如图 4-3 所示:

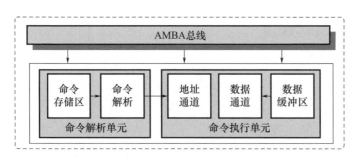

图 4-3 XDMA 结构

XDMA 模块首先接收来自 CPU 的指令并存储到命令存储区,然后由命令解析单元进行解析,最后发送到命令执行单元进行存储器之间的数据搬移。命令解析单元和命令执行单元详细描述如下:

(1)命令解析单元是存储、解析 CPU 配置指令的处理单元,用于存储执行单元命令与多层循环命令等,对应读写命令存储区和读写命令缓冲通道,读写命令通道之间相互独立。当 CPU 配置 DMA 命令存储区完成后,命令解析单元会逐条将命令存储区的命令读取解析后存放到命令缓冲通道中,以供命令执行单元执行实际的 DMA 数据搬移操作。命令解析单元实现了将 CPU 指令转换成命令执行单元可执行命令的操作。

(2)命令执行单元是实现 DMA 基本操作的处理单元。它实现了读写地址通道和读写数据通道的控制,读写通道之间相互独立,且读写数据通道具备各自独立的数据缓冲区。当写数据缓冲区具备足够的数据量后,命令执行单元发布写地址命令。当读数据缓冲区具备足够的空间接收数据时,命令执行单元发布读地址命令。命令执行单元实现了存储器之间的数据搬移。

XDMA 数据搬移的操作流程如下:首先 CPU 向 DMA 配置需要执行的指令并启动 DMA,随后 DMA 从硬件上对指令进行自动解析,利用命令执行单元从源地址搬移数据到目的地址,全程无需 CPU 干预。CPU 可以根据自身任务执行情况,选择合适时间判断 DMA 状态,当 DMA 空闲时可以再次启动 DMA。

在轨 SAR 实时成像处理芯片是采用了命令执行单元数据搬移和多层循环调用命令执行单元数据搬移这两种方法来分别满足 DMA 高性能和可编程两项需求。XDMA 模块的设计实现了高性能可编程的数据搬移技术,满足了在轨 SAR 实时成像芯片对于片外 DDR 同步动态随机存取存储器(SDRAM)存储及片上存储的访问、性能和灵活性的需求。

4.2.2.2 FFT 运算引擎

通过第 2 章介绍的 SAR 成像算法可以看出,FFT 运算占据了整个 SAR 成像处理流程中很大一部分的处理负荷。因此,有必要针对 FFT/IFFT 运算进行优化设计,提升性能并降低资源,本节介绍 FFT 运算引擎的设计思路。

在实现 FFT 运算引擎时,由于存储器存取次数和硬件中数据交换开销几乎与乘法运算同样重要,因此 FFT 算法选择必须考虑到结构的复杂性和实现的难易程度。考虑到求逆 FFT、同址计算、算法的规则性和并行性等因素,硬件实现 FFT 时经常采用基于 2 或 4 的幂次长度序列的 Cooley – Tukey 快速傅里叶算法。

常见的 FFT 实现架构可以分为流水线(Pipeline)架构、迭代架构和并行架构,下面逐一分析各种 FFT 架构的构成方式和优缺点。

对于典型的流水线 FFT 设计架构如图 4-4 所示,主要由数据输入模块、基本运算单元、数据输出模块和输出选择模块组成。其中,对于不同点数的 FFT,可以通过配置寄存器来实现选择运算的点数、进行 FFT 运算的级数等,从而实现计算的通用性。在完成一个 2^N 点的 FFT 运算时,需要消耗的时钟周期是 $2^N NT$,其中 T 是时钟周期。

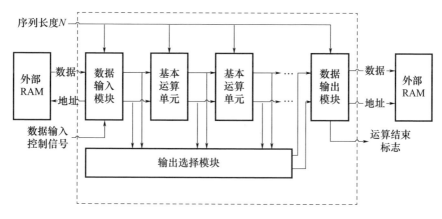

图 4-4　流水线 FFT 设计架构

流水线 FFT 设计架构的优点是：多个蝶形运算单元同时运算,每个蝶形运算单元顺序执行当前级所有蝶形运算,适合连续多次 FFT 运算,单次 FFT 运算时间与顺序处理结构相同。使用乒乓存储单元进行中间数据缓存,提供下一级蝶形运算数据,适合流水线实现,速度较快。缺点是：不适合大点数 FFT 运算,点数增多,中间存储单元用量增多,控制逻辑复杂,对存储单元的容量和读取速度有很高的要求。

图 4-5 所示为典型的迭代 FFT 的设计架构,它主要由 6 部分组成,分别是数据输入模块、内部 RAM、蝶形运算单元、数据输出模块、地址和控制信号产生单元、旋转因子存储器。来自外部 RAM 的外部输入数据通过数据输入模块倒序输入到内部 RAM 中,通过地址和控制信号产生单元控制内部 RAM 的地址,输出给蝶形运算单元,而蝶形运算后的数据返回内部 RAM 原位置,待 FFT 运算完成后,通过数据输出模块输出给外部 RAM。对于一个 2^N 点的 FFT,完成本次 FFT 运算需要消耗 $2^N(N+1)T$ 个时钟周期。

迭代 FFT 设计架构的优点是：结构简单,便于控制,稳定性好；运算单元和存储单元只有一个,资源消耗少；易于修改、便于升级和移植。缺点是：运行速度较慢,每次仅能执行一个蝶形运算。

并行架构的提出源于蝶形运算单元的操作数能够同时读或写的特点,图 4-6 所示为典型的并行 FFT 设计架构。并行架构使用多个蝶形运算单元共同完成一级 FFT 运算,能够实现一个周期输出多个蝶形运算结果。数据输入模块从

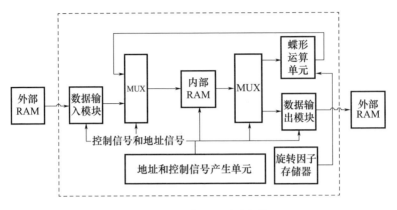

图 4-5 迭代 FFT 设计架构

外部 RAM 中逆序读入数据并存入内部 RAM 后,在地址和控制信号产生单元的控制下,由于有 2^{N-1} 个蝶形运算单元,每个时钟周期都可以完成一级 FFT 运算,依次循环就可以在 N 个时钟周期内完成所有 FFT 运算,然后通过数据输出模块将 FFT 运算的结果输出到外部 RAM 中,完成本次 FFT 的运算。对于一个 2^N 点的 FFT,完成本次 FFT 运算需要消耗的时间是 $2(N+1)T$ 个时钟周期。

并行 FFT 设计架构的优点是:运算速度快,并行单元越多,速度越快,特别适合于数据量大、实时性强的计算。缺点是:运算速度的提升依赖于硬件资源的消耗,且对存储资源要求高。

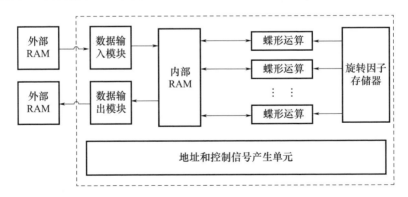

图 4-6 并行 FFT 设计架构

针对上述 3 种 FFT 实现架构,对于 $M2^N$ 点 FFT 运算,分别从资源消耗和运算时间两个方面进行比较,如表 4-2 所列。

表 4-2　3 种 FFT 架构性能比较

FFT 实现架构	消耗时间		消耗资源		蝶形运算单元
	1 次	M	ROM	RAM	
流水线架构	$2^N NT$	$M2^N NT$	N	N	N
迭代架构	$2^N(N+1)T$	$M2^N(N+1)T$	1	1	1
并行架构	$2(N+1)T$	$2M(N+1)T$	2^{N-1}	1	2^{N-1}

由于 3 种 FFT 架构的速度和资源消耗上各有优缺点,需要根据不同的应用加以选择。迭代架构资源最省,速度最慢;并行架构多适用于大点数 FFT 运算;流水线架构适用于中型点数的 FFT 运算,因为它在资源消耗上劣于并行架构,在速度上优于迭代架构。

综合考虑上述 FFT 实现架构的优缺点,结合芯片的 SoC 处理架构特性,考虑到 FFT/IFFT 架构简单、灵活和资源占用率小是处理引擎设计中尤为关心的因素,这里提出了基于 SoC 架构的 FFT 实现方案,具体的实现架构如图 4-7 所示。

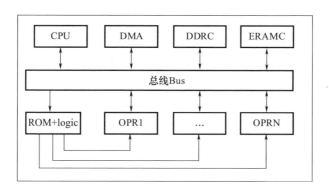

图 4-7　FFT 实现架构

该架构主要包括 CPU、DMA、总线 Bus、外部存储器控制器(DDR Control, DDRC)、外部 RAM 控制器(Embedded RAM Control,ERAMC)、旋转因子产生单元(ROM + logic)和蝶形运算单元(Orthogonal Partitioned Ring,OPR)。该架构是一个典型的 SoC 架构,通过 CPU 实现系统的控制,DMA 实现 FFT/IFFT 运算的数据搬移,外挂 DDRC 用来控制存储的雷达回波数据,外挂 ERAMC 对存储在 DDR 中的数据实现逆序缓存,旋转因子产生单元产生用于 FFT/IFFT 的旋转因子,蝶形运算单元实现用于 FFT/IFFT 的蝶形运算。

4.2.2.3 XE 运算引擎

在一体化 SAR 成像算法中,CS 补偿因子、去斜因子等运算同样占据了很大部分运算量。为了降低因子生成运算电路的复杂度,提高运算效率,本节提出了基于运算符引擎的交换网络架构,如图 4-8 所示。

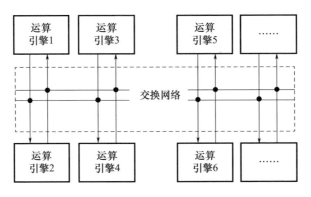

图 4-8 基于运算符引擎的交换网络架构

运算引擎承担主要运算任务,所有运算符引擎通过交换网络互联,引擎之间的互联通道由交换网络的节点组成,系统通过调度交换网络中的各个运算引擎来完成因子运算。因此,如何设计合适的运算引擎来降低因子运算电路的复杂度,并提高运算效率和复用度,同时合理规划 FFT/IFFT 协同和调度,是多模式一体化星载 SAR 实时成像处理架构要解决的难点。本节介绍运算符聚类和引擎设计的相关方法。

分析基于 CS 的一体化成像算法,把加、减、乘、除和正弦、余弦、对数、指数等超越函数视为基本运算,将 CS 因子的运算拆分成多种基本运算符的组合,如表 4-3 所列。

表 4-3 CS 因子运算调用的基本运算符统计

因子运算	基本运算	三角函数运算	超越运算	调用次数
CS1 因子	加减乘除	正弦、余弦、反正切	开根号指数	9
CS2 因子	加减乘	正弦、余弦	开根号指数	11
CS3 因子	加减乘	正弦、余弦、反正切	开根号指数	12

运算引擎设计的核心在于基本运算符组合方式的设计,考虑到四运算符引擎会出现过多组合,不利于基本运算符的复用,下面分析有三种引擎构建及其

调用方式:单运算符引擎、双运算符引擎、三运算符引擎。其中,单运算符引擎内部包含了一个基本运算符,有两输入一输出接口;双运算符引擎内部包含了两个基本运算符,有三输入一输出接口;三运算符引擎内部包含了三个基本运算符,有三输入一输出接口。针对 CS 因子运算,采用不同组合运算类型实现 CS 算法的开销和特点如表 4-4 所列,可以发现用 7 种双运算符组合可对 CS 因子运算进行最优分解,同时双运算符组合从复用度、组合精炼、调度复杂度、交换网络复杂度等方面综合评估最优。

表 4-4 采用不同组合运算类型实现 CS 算法的开销和特点

引擎类型	引擎数量	调用次数	输入通道数总和	主要特点
单运算符	8	32	64	复用度高,交换网络复杂
双运算符	7	14	42	复用度高,交换网络简洁
三运算符	12	20	80	复用度低,交换网络复杂

图 4-9 给出了 CS 因子运算采用双运算符组合的一个示例,其中包含了平方根加、平方根乘、乘指数、除乘、正余弦除、乘加、乘乘 7 种双运算符操作。

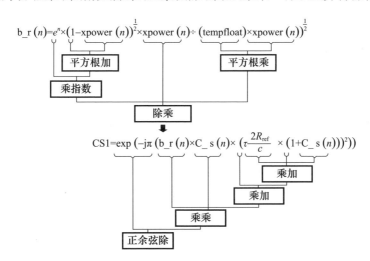

图 4-9 CS 因子运算采用双运算符的示例图

此外,为了统一管理调度运算资源,增强系统的复用性、灵活性和扩展性,将前述的"复乘-FFT/IFFT"视为一种特殊的双运算符引擎,可以将双运算符引擎聚类为以下 8 种运算引擎,如表 4-5 所列。

表4-5 8种运算引擎

引擎名称	运算组合	功能
XEME	乘法 + e 指数次幂	求平方、乘法、e的指数次幂
XEAS	加减法 + 平方根	求加减运算、累加、平方根
XEMS	乘法 + 平方根	求平方、乘法、平方根
XEMM	乘法 + 乘法	乘法、求平方
XEAM	加减法 + 乘法	加减、累加、平方、乘法、产生等差序列
XEDM	除法 + 乘法	除法、平方、乘法
XEDC	除法 + cordic	除法、arctan、欧拉展开
XFFT	乘法 + xfft	复乘、错位共轭复乘、FFT(IFFT)

通过调度以上8种双运算符引擎构建的交换网络可以有效降低CS因子运算电路的复杂度,提高运算效率,实现CS算法中的各种运算。图4-10给出了CS1因子运算分解成双运算符操作后,利用双运算符引擎和数据流调度实现该操作的示例。

$$CS1 = \exp\left(-j\pi\left(b\_r(n) \times C\_s(n) \times \left(\tau - \frac{2R_{\text{ref}}}{c} \times (1 + C\_s(n))\right)^2\right)\right)$$

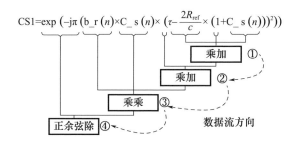

图4-10 双运算符引擎使用与数据流调度示例

图4-10中使用到的运算引擎调度顺序如表4-6所列。

表4-6 运算引擎的调度顺序

FFT复乘	乘指数	乘加	乘除	乘乘	平方根乘	平方根加	正余弦除
-	-	①、②	-	③	-	-	④

针对一体化成像算法,8种双运算符引擎也能完成预处理和后处理,从而降低系统电路的整体复杂度。为了使用基于双运算符的交换网络来实现一体化成像处理流程中的所有运算,可以将预处理、CS处理和后处理中各个运算步骤都分解成使用双运算符的操作,在基于双运算符引擎的交换网络架构中实现所有处理和运算。

如表 4 - 7 所列,各个模式 CS 处理的数据流基本相同,在预处理和后处理中,不同成像模式数据流有所不同。因此,基于双运算符引擎的交换网络架构能够实现一体化成像处理流程。

表 4 - 7　多模式一体化星载 SAR 实时成像处理流程的数据流设计

处理过程		运算引擎使用与数据流调度						
		XFFT	XEME	XEAM	XEDM	XEMM	XEMS	XEAS	XEDC
预处理	多通道预处理	⑨	⑦、⑧	②	⑤	①	④、⑥	③	
	聚束预处理	⑩	①、⑥	⑦、⑧	⑤	②	③	④、⑨	
	滑聚预处理	⑨	①、⑥		⑤、⑧	④	②、③	⑦、⑩	
	TOPS 预处理	⑨	⑦、⑧	②	⑤	①	④、⑥	③	
CS处理	FFT	①							
	复乘 CS1 因子 + FFT 运算	⑤		①、②		③			④
	复乘 CS2 因子 + FFT 运算	⑥		①、②	②			④	
	复乘 CS3 因子 + FFT 运算	⑦		①、②		③		④、⑤	⑥
后处理	扫描后处理	⑩	⑨	①	②、③		④、⑥	⑧	
	TOPS 后处理	⑩	③	④、⑦	①	②		⑥	⑤

双运算符引擎组件单元是 SAR 成像处理芯片的核心运算单元,其性能决定了芯片中因子运算的能力,在逻辑上进行运算符聚类划分后,需要对各个双运算符引擎进行电路设计。为了提高芯片中因子计算逻辑的电路复用度,运算引擎单元设计了支持可编程配置的功能。通过软件利用 CPU 对引擎工作状态进行配置,实现同一引擎支持不同算法模式下的多种功能需要。考虑到不同运算引擎要挂接在统一的交换网络上,统一的接口协议和统一的引擎架构变得尤为重要,据此原则设计的 XE 运算引擎结构如图 4 - 11 所示。

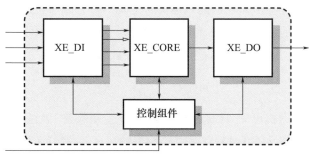

图 4 - 11　XE 运算引擎结构

XE运算引擎单元包含三个数据输入端口、一个数据输出端口和一个控制端口。为了和主流的SoC系统架构兼容,XE数据输入输出端口采用标准高级可扩展接口流传输(Advanced eXtensible Interface Stream,AXI – Stream)协议形式。XE内部由4个组件构成,各组件主要功能如下:

(1)XE_DI组件,负责对引擎单元的三路输入数据进行计算前的预处理,以保证进入到计算逻辑中的数据满足不同计算模式的时序与格式需求。

(2)XE_CORE组件,负责完成数据运算功能,包括8种运算符组合方式。根据输入数据类型及运算功能的不同,XE_CORE包含两个运算符和数据调动组件DATA_MATRIX,如图4 – 12所示。

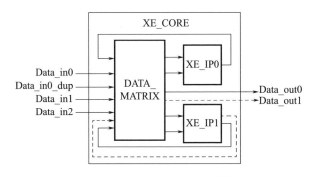

图4 – 12 XE_CORE电路结构

(3)XE_DO组件,负责对计算后输出数据进行后处理,实现数据格式转换、降采样以及最值统计等功能。

(4)控制组件(Controller),负责接收外部控制指令的配置信息,完成对整个组件的复位、参数配置、工作模式选择、中断处理以及工作状态监控等功能。

引擎单元通过输入组件、输出组件和控制组件的灵活设计,使单一引擎单元可以支持多种类型输入输出的双运算符运算。基于这样的双运算符引擎,可以构建灵活可配的多模式SAR实时处理架构。下面是针对同一套运算引擎子系统,对应不同公式运算处理的数据说明。公式表达式为

$$\text{powr}(n) = \frac{F(n)^2}{Vc} + 1 \qquad (4-1)$$

根据上述表达式可知,计算powr参数需要使用乘法、除法以及加法三个不同的运算引擎。那么在DMA启动原始数据输入子系统前,CPU先配置各个引擎与DMA输出接口的目的地址,完成数据流路由信息配置。

完成配置后,启动DMA0将F原始数据搬运到运算子总线中,数据流便会根

据已配置的路由信息,在各引擎中实时流水计算。引擎运算完成后,结果通过 DMA1 写回到系统存储中。数据流示意如图 4-13 所示,子系统中数据流顺序为 DMA0→乘法引擎→除法引擎→加减法引擎→DMA1。

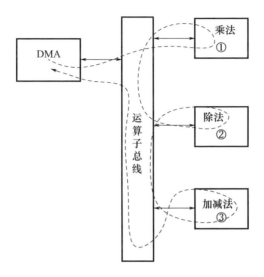

图 4-13 式(4-1)运算数据流示意

同时,在配置路由信息的同时,加减法引擎的工作模式也要由加法模式配置为减法模式。在完成以上配置后,再启动 DMA 进行公式的计算。利用基于数据流调度的方式,配合可重配置的双运算符引擎组件,完成芯片运算引擎子系统因子计算的可编程实现。总线与多个 DMA 互联,可以实现多条数据流的实时流水计算,所以整个因子计算时间开销仅是一次访存时间加上运算引擎子系统运算延时,这样能够提升整个芯片处理的实时性。

4.2.3 SAR 成像处理芯片流片及验证

在轨 SAR 实时成像处理芯片在国内完成流片、封装和测试,性能参数如表 4-8 所列。

表 4-8 在轨 SAR 实时成像处理芯片性能参数

指标	参数
工艺	65nm 1P8M CMOS
管芯尺寸	16.7mm × 16.7mm
芯片封装尺寸(长×宽×高)	35mm × 35mm × 6mm

续表

指标	参数
封装形式	BGA656
主时钟频率	200MHz
逻辑规模	2000 万门
工作温度	-40℃ ~ 125℃
芯片功耗	6.147W @ (25℃;1.2V)

图 4-14 所示为在轨 SAR 成像实时处理芯片实物图和版图。

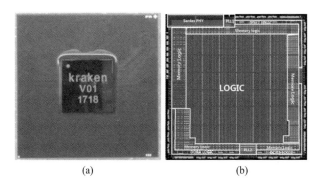

图 4-14　在轨 SAR 实时成像处理芯片实物图和版图
(a)芯片实物图;(b)芯片版图。

4.2.4　SAR 成像处理芯片测试结果

为在轨 SAR 实时成像处理芯片搭建测试环境,如图 4-15 所示,图中左侧屏幕为软件调试窗口,中间为芯片测试板,右侧屏幕为实时 SAR 成像显示。

图 4-15　SAR 实时成像处理芯片测试环境图

在基本条带模式、双通道条带模式和双通道扫描模式下,测试该芯片从原图输入到最终成像结果输出全过程中,成像子系统与芯片测试各项指标测试结果如表4-9所列。

表4-9 成像子系统与芯片测试各项指标测试结果

指标	参数
工作时钟频率	200MHz
平均功耗(室温实测)	6.9W
基本条带成像时间(16K×16K)	20.12s
双通道条带模式(64K×8K)	43.23s
双通道扫描模式(32K×4K)	10.05s

图4-16所示为基于实测数据,在3种不同模式下的成像效果。

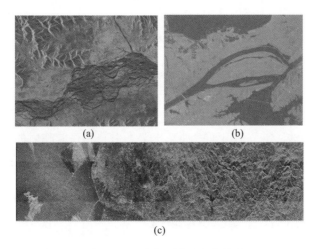

图4-16 3种典型模式成像结果
(a)基本条带成像结果;(b)条带模式成像结果;(c)扫描模式成像结果。

4.3 在轨光学遥感图像处理芯片设计

根据第2章光学遥感图像处理算法的分析可以看出,由于算法输入数据量大、运算步骤多、中间缓存需求量大,光学遥感图像船只目标检测对存储资源的需求高,这一特点与在轨光学遥感实时处理系统面临的星上体积、重量、功耗强约束形成矛盾,因此,光学遥感实时处理算法的高存储资源需求,成为制约其在轨应用的关键问题。

在实时处理芯片设计方面,随着深亚微米大规模 CMOS 工艺的发展,存储器的电路面积在整个芯片中的占比越来越高。到 2010 年,在数字芯片中存储器所占面积的平均占比超过了 90%[3],如图 4 – 17 所示。以存储器容量优化为目标进行处理器电路设计,成为降低光学遥感实时处理器电路规模和功耗的关键手段。

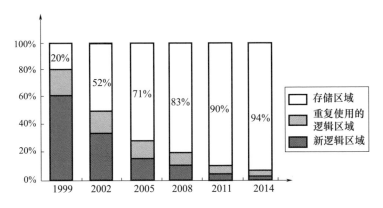

来源:IC Insights SIA Roadmap and Others

图 4 – 17 存储器占比变化趋势

基于以上分析,本节提出了一种基于聚类引擎和存储映射的在轨光学遥感图像实时处理架构,并设计了一款光学实时处理芯片,实现了处理引擎和存储资源的高效利用,从处理器架构维度降低存储资源需求。

4.3.1 光学遥感图像处理芯片架构

针对光学遥感目标检测算法的特点,面向大数据量、高传输速率、实时处理、资源受限的在轨应用需求,提出了一种基于聚类引擎和存储映射的光学遥感实时处理芯片架构,如图 4 – 18 所示。相比于传统的按照数据流划分流水线的架构[4-6],该处理芯片架构可以根据运算步骤分时调用图像处理引擎并访问存储器,实现引擎、存储的复用与逻辑规模的优化。

该处理芯片架构包括以下 3 个主要部分:

(1)存储器单元用于数据缓冲,分为外部存储器和内部存储器。外部存储器采用 SDRAM 等容量大、顺序访问速度快、功耗大的芯片,用于保存大图数据,数据缓冲周期长的数据保存在其中。内部存储器采用 SRAM 等访问速度快、位

第4章 在轨遥感数据处理芯片设计

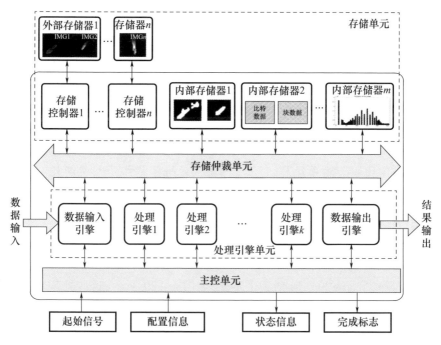

图4-18 光学遥感实时处理芯片架构

宽大、功耗低、容量小、可随机访问的芯片,用于数据运算中间结果缓存,数据缓冲周期短的数据保存在其中。为保证不同图像处理引擎访问存储器单元时不发生数据堵塞,将存储空间划分成不同容量的独立子存储单元。

(2)存储仲裁单元,用于多通道引擎和存储器之间的访问映射,这是存储仲裁单元的主要功能。每个子存储单元通过输入/输出接口与存储仲裁单元相连,处理引擎也通过数据访问接口与存储仲裁单元相连。考虑到光学遥感图像处理算法的处理流程固定,存储仲裁单元中采用固定优先级的访问策略。

(3)主控单元用于控制各个引擎按照算法流程中的步骤进行算法状态的跳转,如图4-19所示,图中每个状态代表一次单轮图像扫描过程,黑色实线是状态流程的跳转方向和顺序,紫色虚线代表各状态数据的流向。

4.3.2 组件设计

4.3.2.1 通用图像处理引擎设计

通用图像处理引擎设计,是该芯片组件设计的关键。图像处理引擎电路,

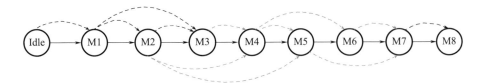

图 4 – 19　引擎调度流程和状态跳转图

可以分为存储器访问和数据运算两部分,其中:图像处理的数据运算多为像素累加、像素值比较等简单运算,逻辑规模较小;而存储器访问所消耗的地址生成、访问控制等逻辑规模更大。以数据访问规律为基础来设计处理引擎,能更好地实现存储控制逻辑复用,同时由于引擎的设计考虑了存储资源的分配,可以更好实现存储资源复用。

针对第 3 章给出的船舶检测算法进行分析,算法可以分为海陆分离、目标候选区筛选及目标候选区鉴别 3 个步骤,如图 4 – 20 所示,这些处理可进一步分解为采样、直方图、膨胀、腐蚀、精细确认、联通标记等基本运算。这些基本运算需要针对子图采用不同大小(如 3×3、5×5 等)、不同类型(整窗、部分窗或单像素)的像素窗,进行不同方式的扫描覆盖(重叠窗滑动或非重叠窗滑动覆盖子图)。对每个子图需要反复多轮调用这些基本运算模块进行覆盖处理,才能完成船只检测。

处理流程	海陆分离	目标候选区筛选	目标候选区鉴别
基本运算	采样、直方图 膨胀、腐蚀等	膨胀、腐蚀 精细确认、连通标记等	直方图 膨胀、腐蚀等
数据运算关系	整窗数据 单像素数据	整窗数据 部分窗数据 单像素数据 邻接像素	整窗数据 部分窗数据 单像素数据 邻接像素
扫描方式	重叠遍历	重叠遍历 非重叠遍历	重叠遍历

图 4 – 20　星上船舶检测处理流程

根据以上分析,可以按数据运算关系和扫描方式两个维度划分 8 个引擎,如图 4 – 21 所示,具体描述如表 4 – 10 所列。

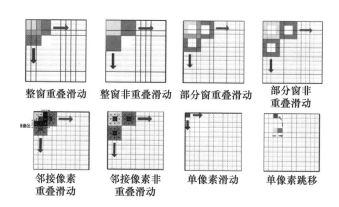

图 4-21 8 种处理引擎示意图

表 4-10 8 种处理引擎描述

处理引擎	功能	应用
整窗重叠滑动	子窗口遍历时相邻两窗有重合,取窗内全部数据运算	膨胀、腐蚀
整窗非重叠滑动	子窗口遍历时相邻两窗无重合,取窗内全部数据运算	区域信息统计
部分窗重叠滑动	子窗口遍历时相邻两窗有重合,取窗内部分数据运算	周域信息增强
部分窗非重叠滑动	子窗口遍历时相邻两窗无重合,取窗内部分数据运算	周域信息计算
单像素滑动	遍历每个像素	二值化、直方图统计
单像素跳移	以特定步长提取像素信息	下采样
邻接像素重叠滑动	根据像素间关联程度提取信息,区域不规则可重叠	连通域标记
邻接像素非重叠滑动	根据像素间关联程度提取信息,区域不规则不重叠	二值图分块统计

8 个处理引擎单元内部结构相似,主要包括读数据控制器、写数据控制器、数据读写同步模块、运算模块、主控模块、寄存器控制模块以及监视模块,如图 4-22 所示。

处理引擎单元中,读数据控制器、写数据控制器、数据读写同步模块实现数据读写,保证数据访问;运算模块作为处理引擎单元的核心模块,实现某一类图像处理的基本运算;寄存器控制模块用于参数配置;监视模块实现调试逻辑。

4.3.2.2 存储仲裁单元设计及存储复用策略

通过多轮调用 8 种处理引擎实现图像数据扫描和处理,每一轮调用处理引

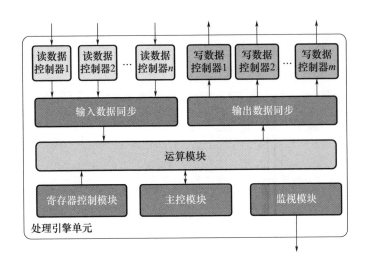

图 4-22 处理引擎单元内部结构图

擎都需要调用和生成数据块;数据缓冲周期是指某个数据块从产生到最后一次被调用的存取时间。

通过分析 8 种引擎的数据运算关系、扫描方式和输出的数据块,可以发现每种引擎输出数据块的数据缓冲周期有特定规律:若引擎输出的数据块保存了全局性、关联性强的信息,则该数据块在处理流程中会被多轮次使用,其对应的数据缓冲周期长;若数据块中的数据保存了局部信息,且数据之间关联性较弱,则该数据块将在后续较多轮次被使用,其对应的数据缓冲周期中等;若数据块保存了单像素的信息,且数据关联性弱,则该数据块通常只在后续有限轮次被使用,其对应的数据缓冲周期短。

因此,不同引擎的数据缓冲周期特征如表 4-11 所列,可作为存储资源调用的依据,降低处理数据缓冲容量。

表 4-11 引擎类别及其数据缓冲周期特征

算法引擎	整窗重叠滑动	整窗非重叠滑动	部分窗重叠滑动	部分窗非重叠滑动	邻接像素重叠滑动	邻接像素非重叠滑动	单像素滑动	单像素跳移
数据缓冲周期特征	短	长	短	短	中	中	短	短

船只检测通过多轮调用处理引擎,访问和生成数据块,完成图像数据扫

描和处理;每轮处理中引擎会访问和生成不同的数据块,每个数据块在多轮处理中会被不同的引擎使用。为此,需要在引擎和数据块之间建立一个存储仲裁单元,以实现处理过程中数据并行访问的仲裁和数据缓存空间复用。该存储仲裁单元的节点个数由引擎数量、数据缓冲区数量和图像处理并行度决定,节点个数决定了存储仲裁单元的逻辑复杂度和访问效率,如图4-23所示。

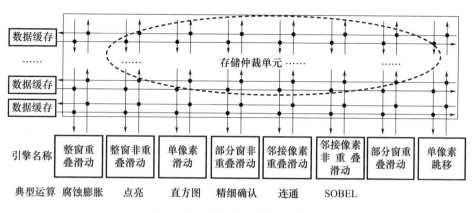

图4-23 系统存储仲裁单元框图

由于船只目标检测图像处理可以用8种引擎完成整个处理流程,因此可以根据每种引擎输出数据块的数据缓冲周期特征,优化数据存储器容量及存储仲裁单元的节点个数,具体方法是:短数据缓冲周期的数据块可以分时映射到同一数据缓存空间;长数据缓冲周期的数据块可以分别映射到独立的数据缓存空间;中等数据缓冲周期的数据块,可以根据处理流程,与其他数据块分时映射到同一数据缓存空间。

综上,采用存储仲裁单元及存储复用策略,可提高数据缓存空间复用度,减少数据存储器容量及存储仲裁单元的节点个数,从而减小电路的实现规模。以某船只目标检测算法为例,数据映射网络优化效果如表4-12所列。

表4-12 数据映射网络优化效果

	初始数据映射网络	优化数据映射网络
引擎模块个数	6	6
片内数据块数	35	14
片内数据缓冲需求	11Mb	2.8Mb

4.3.3 光学遥感图像处理芯片流片及验证

在轨 SAR 成像实时处理芯片在国内完成流片、封装和测试,各项指标参数如表 4-13 所列。

表 4-13 光学遥感图像处理芯片主要指标参数

指标	参数
工艺	130nm 1P8M CMOS
芯片封装形式	CPGA560 陶瓷插针阵列
管芯尺寸	13.5mm × 13.5mm
芯片封装尺寸(长×宽×高)	35mm × 35mm × 6.65mm
主时钟频率	50MHz
逻辑规模	300 万门
工作温度	-55℃ ~ 125℃

在轨光学遥感图像处理芯片具有体积小、功耗低、模式多、实时性高等特点,可提高系统集成度、降低系统功耗、提高系统处理能力,通过采用抗辐照单元库和电路级抗辐照加固,使得该芯片具备了抗辐照能力。图 4-24 所示为芯片实物图和版图。

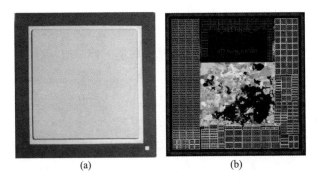

图 4-24 光学遥感图像处理芯片实物图和版图
(a)芯片实物图;(b)芯片版图。

4.3.4 光学遥感图像处理芯片测试结果

为在轨遥感光学图像处理芯片搭建功能测试环境,通过接收模拟源输出原始图像数据,进行目标检测或云判处理操作,将检测的目标或云判结果传输给模拟源进行比对,测试环境如图4-25所示。

图4-25　光学图像处理芯片测试环境

芯片处理结果如图4-26所示。

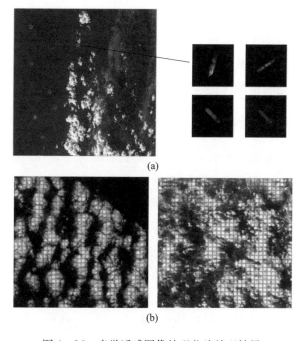

图4-26　光学遥感图像处理芯片处理结果
(a)船只检测结果图;(b)云判处理结果图。

芯片测试的结果指标如表 4-14 所列。

表 4-14 芯片测试的结果指标

指标	参数
芯片重量	16g
完成每幅图目标检测处理时间	小于 1s
功耗	低温高压模式(-40℃;1.32V):1.2W
	标准电压常温模式(25℃;1.2V):1.32W
	高温低压模式(125℃;1.08V):1.52W

4.4 在轨遥感数据处理芯片部分冗余加固设计技术

本节针对全三模电路冗余抗辐照加固逻辑规模过大的问题,利用双逻辑模型对数字逻辑电路进行建模,根据错误传输模型,分析单个节点对系统平均故障间隔时间(Mean Time Between Failure,MTBF)的影响,提出了一种电路节点的重要性评判准则。同时,提出一种基于 PageRank 算法的电路节点重要性排序方法,将网页搜索的算法映射到电路触发器节点筛选中,修改后的 PageRank 算法可以有效地对电路中触发器节点进行重要性评分。在此基础上,通过仿真确定需要三模冗余加固的节点比例,利用光学图像处理典型模块的实验,验证了部分冗余加固的逻辑资源优化效果。

4.4.1 双逻辑锥及故障传输模型分析

对电路进行可靠性分析有很多方法,其核心的思想是找到电路节点之间的关联关系,找出其中关键节点来分析系统的可靠性。在电路形式化验证技术中,采用逻辑锥模型进行电路节点间关联分析,逻辑锥模型中把触发器(定义为中心触发器)、中心触发器输入的组合逻辑、输入触发器(定义为源触发器)看做一个整体,将这样的电路定义为源逻辑锥[7-9],如图 4-27 所示。

在源逻辑锥中,中心触发器 DC_i 的源触发器个数为 M_i,源触发器表示为 $DS(i,0),DS(i,1),\cdots,DS(i,M_{i-1})$。从源逻辑锥的内部框图可以看出,单粒子翻转造成的每个源触发器的错误,都可能通过组合逻辑导致中心触发器的错误。但是,源触发器的错误能否传递到中心触发器,还需要考虑出错时刻其他源触发器状态,这就是逻辑传输概率的概念。需要引入概率模型来分析源逻辑

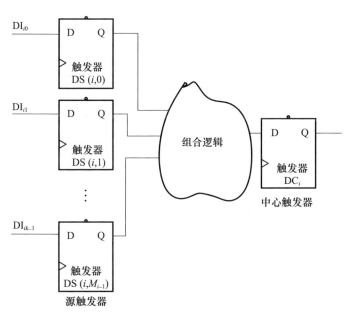

图 4-27　源逻辑锥示意图

锥模型[10]。

组合逻辑某一个输入信号,是否可以影响到输出端的值,要根据组合逻辑的其他输入信号确定。同时,每个输入信号处于 0/1 的概率和具体的组合内部逻辑一并决定输出信号处于 0/1 的概率[22]。

如图 4-28 所示,输入信号为 $\{A, B_0, B_1, B_2, \cdots, B_{n-1}\}$ 向量,可以表示成 MUX 的样式。

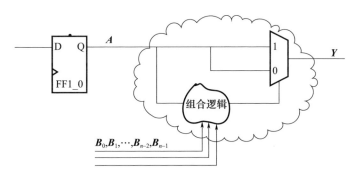

图 4-28　组合逻辑示意图

在实际电路中,输入信号处于 0/1 的概率各不相同,组合逻辑的内部功能也各不相同,需要根据组合逻辑的实际功能分析来确定输出处于 0/1 的概率。

本章为了简化分析,假定$\{A, B_0, B_1, B_2, \cdots, B_{n-1}\}$中每根信号线出现0/1的概率为0.5,电路就可以拆分成如图4-29的四型结构。

在图4-29(Ⅰ)~(Ⅳ)所示的4个场景的电路中,$B_0 \sim B_{n-2}$的向量个数各为2^{n-1}个,而Ⅰ型和Ⅱ型互为出错的场景,Ⅲ型和Ⅳ型互为出错的场景。可以看出,A出错导致Y出错的向量共有2^n个,即由A出错导致Y出错的概率为1/2。

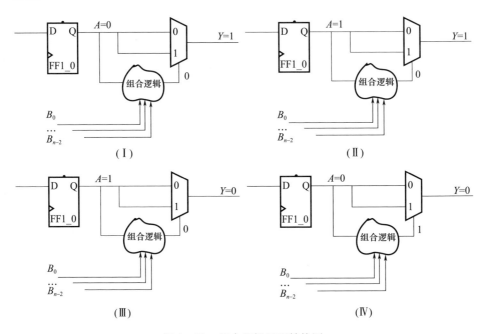

图4-29 组合逻辑四型结构图

有Z个中心触发器的电路中,造成单次触发器翻转的空间粒子平均出现频次为L次/秒,其中L可根据长期在轨器件单粒子翻转统计,并结合电路触发器节点个数、硅片面积推算得到。电路中单个触发器被单粒子直接击中导致翻转的概率为

$$P_0 = L/Z \tag{4-2}$$

不考虑源触发器受其他错误传播影响,在源逻辑锥中源触发器出错导致中心触发器出错的概率为

$$p_S(i) = \frac{M_i}{2} \cdot P_0 \tag{4-3}$$

单粒子翻转造成中心触发器出错的概率为

$$p_C(i) = p_s(i) + P_0 = \left(\frac{M_i}{2}+1\right)P_0 \qquad (4-4)$$

将中心触发器输出涉及的组合逻辑以及输出触发器(定义为目标触发器第 i 个中心触发器的目标触发器个数为 N_i)统一考虑,就构成了另一个逻辑锥,称为目标逻辑锥,如图 4-30 所示。在目标逻辑锥中,目标触发器个数为 N_i,目标触发器可表示为 $DD(i,0), DD(i,1), \cdots, DD(i,N_{i-1})$,第 j 个目标触发器对应的组合逻辑输入信号个数为 $K_j, j = 0,1,\cdots,N_{i-1}$。

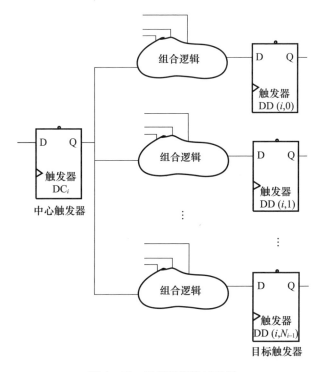

图 4-30 目标逻辑锥示意图

根据上面的分析,中心触发器 DC_i 的错误传播到目标触发器概率可表示为

$$P_{cd}(i) = \left(\frac{M_i}{2}+1\right)P_0 \cdot \sum_{i=0}^{N_{i-1}} \frac{K_j}{2} \qquad (4-5)$$

$$P_{cd}(i) = \left(\frac{M_i}{2}+1\right)P_0 \cdot \frac{1}{2}\sum_{i=0}^{N_{i-1}} K_j \qquad (4-6)$$

这就是双逻辑锥模型下,单个粒子打翻某一个源触发器或中心触发器的错误传输模型。双逻辑锥的结构如图 4-31 所示。

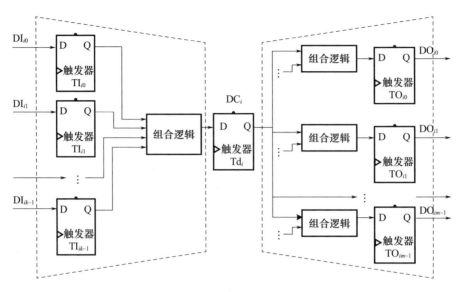

图 4-31 双逻辑锥结构

若系统一共有 Z 个中心触发器，某个触发器因单粒子效应出错后导致系统出错的概率为

$$P_{\text{sys}} = \sum_{z=0}^{z-1} p_{cd}(z) = \sum_{z=0}^{z-1} P_0 \left(\frac{M_z}{2}+1\right) \cdot \frac{1}{2} \sum_{j=0}^{N_{z-1}} K_j = \frac{L}{Z} \cdot \sum_{Z=0}^{Z-1} \left(\frac{M_Z}{2}+1\right) \cdot \frac{1}{2} \sum_{j=0}^{N_{Z-1}} K_j \quad (4-7)$$

系统需要持续工作时间长度为 T，在此期间的出错概率为

$$P(T) = T \cdot P_{\text{sys}} = T \cdot \frac{L}{2Z} \sum_{Z=0}^{Z-1} \left(\frac{M_Z}{2}+1\right) \cdot \sum_{j=0}^{N_{z-1}} K_j \quad (4-8)$$

令出错概率等价为失效率 λ，则有

$$\text{MTBF} = \frac{1}{\lambda} = \frac{1}{P(T)} = \frac{2Z}{T \sum_{Z=0}^{Z-1}\left(\frac{M_Z}{2}+1\right) \cdot \sum_{j=0}^{N_{Z-1}} K_j} \quad (4-9)$$

式(4-8)和式(4-9)为由双逻辑锥模型得到的电路系统单粒子单触发器翻转错误概率模型和平均故障时间间隔。

用 MATLAB 仿真分析双逻辑锥模型的 MTBF 仿真结果如图 4-32 所示，其中 X,Y 轴分别表示双逻辑锥中源触发器个数和目标触发器个数。从计算结果可以看出，目标触发器个数对双逻辑锥的 MTBF 有更显著的影响，随着目标触发器个数的增大，双逻辑锥的 MTBF 呈现对数下降的趋势；而当目标触发器数固定的时候,源触发器个数对 MTBF 的影响基本呈现线性趋势。需要说明的是,目标组合逻辑和源组合逻辑输入个数,对 MTBF 影响也比较显著,这需要针对每个双逻辑锥进行讨论。

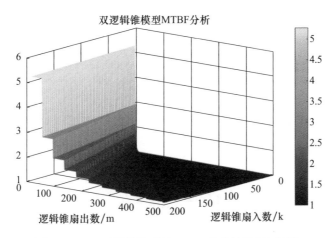

图 4-32　双逻辑锥模型的 MTBF 仿真结果(见彩图)

综上可以看出,在双逻辑锥模型中,目标触发器多的中心触发器对可靠性影响更大;若中心触发器对可靠性影响大,其对应的源触发器对可靠性影响也比较大;这就是双逻辑锥模型下触发器节点重要性评判准则。这个准则对节点相对重要性做了规定,但需要找到一种算法,针对由触发器节点构成的大规模网络进行分析计算,得出每个节点的重要性得分。

4.4.2　基于 PageRank 算法的部分冗余加固方法

4.4.2.1　PageRank 算法介绍

PageRank 算法是由谷歌公司的创始人拉里·佩奇和谢尔盖·布林于 1998 年提出的一种网页排序算法,该算法被认为是目前最有效的网页重要性排序算法之一。在算法中,每个网页被视为一个节点,通过网页的引用关系可计算得出每个网页分数值,由分数值可以评判网页节点的重要性[12-15]。

PageRank 算法的计算基于以下两个基本假设。

(1)数量假设:一个网页被越多其他网页引用,这个网页就越重要。

(2)质量假设:一个网页被越重要网页引用,这个网页就越重要。

网页的重要程度值由 PageRank 算法根据各个网页节点的连接关系综合计算得出。该算法引入了页面节点分数和节点权重这两个概念,其中:页面节点分数是指网页节点用 PageRank 计算过后得到的评分;节点权重是指引用页面对被引用页面的分数分配比重。

对具有 N 个网页节点的网络,用 PageRank 算法进行网页重要性排序,计算步骤如下:

(1)将每个网页节点相同初始值都设为 $\frac{1}{N}$,有

$$R_0(1) = \cdots = R_0(i) = \cdots = R_0(N) = \frac{1}{N} \quad (4-10)$$

(2)每个网页节点将当前分数值平均分配给它引用的页面节点,每个页面将其他页面分配来的分数值累加得到新的分数值,第 i 个网页节点分数进行第 k 次更新的分数更新公式为

$$R_k(i) = \sum_{j \in B(i)} \frac{R_{k-1}(j)}{N(j)} \quad (4-11)$$

式中:$B(i)$ 为所有指向页面节点 i 的页面节点集合;$N(j)$ 为网页 j 引用的页面节点数量。

(3)经过一轮迭代,计算各网页节点分数变化量,如各网页节点的分数值变化高于阈值,则继续迭代直到分数值变化低于阈值为止。

PageRank 算法计算网页节点分数值是一个迭代过程,有 N 个网页节点的分数计算公式为

$$\begin{cases} \boldsymbol{v}_n = \boldsymbol{M} \cdot \boldsymbol{v}_{n-1} \\ \boldsymbol{v}_0 = \begin{bmatrix} \dfrac{1}{N} & \cdots & \dfrac{1}{N} \end{bmatrix}^T \end{cases} \quad (4-12)$$

$$\boldsymbol{v}_x = \begin{bmatrix} R_x(1) \\ \vdots \\ R_x(i) \\ \vdots \\ R_x(N) \end{bmatrix}$$

式中:$\boldsymbol{M} = (m_{ij})_{n \times n}$ 为转移矩阵,其中 m_{ij} 为 j 指向 i 的权重。当 $\boldsymbol{v}_n$ 经过 k 次迭代收敛到一稳定向量值时,此时 $\boldsymbol{v}_n$ 为 N 个网页节点的最终分数值。

上述迭代采用马尔科夫过程来实现,为了让迭代过程能够收敛,转移矩阵 $\boldsymbol{M}$ 需要满足随机、不可约和非周期的特性。这对转移矩阵的要求比较苛刻,为此,拉里·佩奇在 PageRank 算法中引入了网上冲浪模型并定义了阻尼因子 β。

网上冲浪模型假设浏览网页过程中可能会按照链接一直浏览下去,也可能经过浏览几步链接后,关闭当前网页,重新打开新的网页浏览。引入了阻尼因子后的迭代公式为

$$\begin{cases} v_n = \beta M \cdot v_{n-1} + (1-\beta) v_0 \\ v_0 = \begin{bmatrix} \dfrac{1}{N} & \cdots & \dfrac{1}{N} \end{bmatrix}^T \end{cases} \quad (4-13)$$

式中:阻尼因子 β 为人们会继续浏览网页的概率,拉里·佩奇根据统计给出 β 的经验值为 0.85。

4.4.2.2 PageRank 算法到电路的映射

比较分析网页链接和电路双逻辑锥模型,发现 PageRank 算法的基本假设和电路节点重要性评估准则一致,因此可将 PageRank 算法应用到电路触发器节点的重要性排序中。

1) PageRank 算法基本概念的映射

PageRank 的基本概念涉及到节点、路径与连接关系的定义。

(1) 节点和路径的映射。在网页中,每个节点对应一个网页页面。在电路中最主要节点就是触发器;网页之间链接关系对应到 PageRank 算法中节点间路径,在电路中的路径是指触发器节点间的组合逻辑路径。

(2) 连接关系的映射。PageRank 算法中,连接是指网页页面中路径的分布和指向,如果两个页面间存在路径,那么这两个页面之间必然存在连接关系。这样的连接关系中是有指向的,网页模型中的指向关系 i 指向 j,是指页面节点 i 中有页面节点 j 的超链接。

在电路中,如果两个节点之间存在路径,表明这两个节点对应的触发器之间存在组合逻辑路径,其方向从接收信号的触发器指向产生信号的触发器。表 4-15 总结了 PageRank 算法的基本概念和电路的映射关系。

表 4-15 PageRank 基本概念和电路的映射汇总

	相关概念	电路中的意义
定义	节点	输入端口、输出端口和内部触发器
	路径	节点间组合逻辑路径
	连接关系	从接收触发器指向发送触发器

2) PageRank 特殊节点的映射处理

PageRank 算法应用到电路中,有两类特殊节点:死巷(DeadEnd)和爬虫陷阱(SpiderTrap)。这两类特殊节点对计算有影响,需要分析处理。

(1)死巷节点的电路映射图如图 4-33 所示。

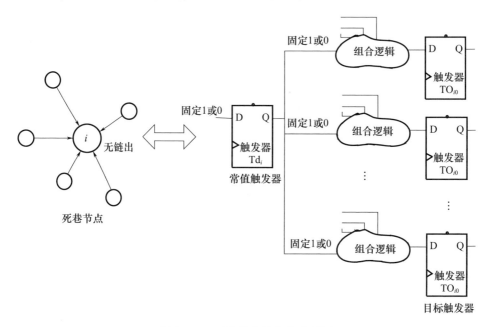

图 4-33 死巷节点的电路映射图

在电路中,数据输入 D 端接固定逻辑的触发器,这一类触发器通常是设计冗余产生的,称为常值触发器,如图 4-33 所示,这一类触发器上电复位之后保持输出一个固定逻辑电平信号。这一类触发器的特征和 DeadEnd 节点相同,触发器可以替换成一个固定电平,需要加以剔除。

(2)爬虫陷阱节点的电路映射图如图 4-34 所示。

在电路中,如果一组触发器在上电复位之后,不需要外部激励,就可以周期性地输出固定模式的信号,这样的电路可以映射到 PageRank 算法中的爬虫陷阱节点,这样的电路有分频器、固定状态机等。电路中由于存在爬虫陷阱,会导致迭代过程节点分数值之和逐渐减小,同样需要引入衰减系数 β 来消除对运算的影响。

表 4-16 列出了 PageRank 应用到电路时特殊节点的映射方法。

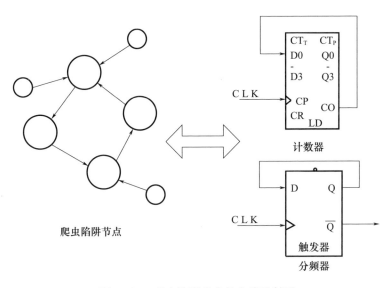

图 4-34 爬虫陷阱节点的电路映射图

表 4-16 PageRank 特殊节点到电路的映射汇总

	特殊节点	电路中的意义
特殊情况	死巷	常值寄存器
	爬虫陷阱	计数器、分频器等

3）PageRank 关键参数的映射

将 PageRank 算法应用到电路分析中,需确定转移矩阵 M、初始分数 v_0 和阻尼因子 β 这三个关键参数。

（1）转移矩阵 M。

转移矩阵 M 的定义涉及到节点连接和权重分配,内部触发器节点之间的连接关系构成了转移矩阵 M,如图 4-35 所示。

图 4-35 所示为电路触发器节点间的指向,其中 Weight(x,y) 指的是由 i 节点分配给 j 节点的分数值,由每个相关联节点的输入输出节点数决定。通过指向关系,首先可以得出关系矩阵 C,即若节点 i 指向节点 j,则其关系指向矩阵中 $C_{ji}=1$,无指向关系的节点在关系矩阵中取值为 0。由关系矩阵 C 和节点间的分数值,就可以得到关系转移矩阵 M,如图 4-36 所示。

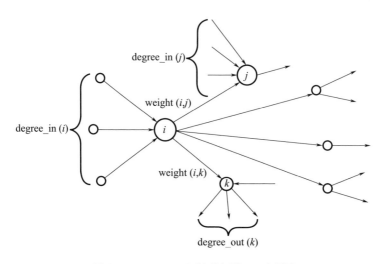

图4-35 PageRank 转移矩阵 M 示意图

$$C = j \begin{bmatrix} \ddots & \vdots & \vdots & \vdots & \vdots & \vdots \\ \cdots & 0 & \cdots & 0 & \cdots & 0 & \cdots \\ \vdots & \vdots & \vdots & \vdots & \vdots \\ \cdots & 1 & \cdots & 0 & \cdots & 0 & \cdots \\ \vdots & \vdots & \vdots & \vdots & \vdots \\ \cdots & 1 & \cdots & 0 & \cdots & 0 & \cdots \\ \vdots & \vdots & \vdots & \vdots & \ddots \end{bmatrix} \Rightarrow M = j \begin{bmatrix} \ddots & \vdots & \vdots & \vdots & \vdots \\ \cdots & 0 & \cdots & 0 & \cdots & 0 & \cdots \\ \vdots & \vdots & \vdots & \vdots & \vdots \\ \cdots & \text{Weight}(i,j) & \cdots & 0 & \cdots & 0 & \cdots \\ \vdots & \vdots & \vdots & \vdots & \vdots \\ \cdots & \text{Weight}(i,k) & \cdots & 0 & \cdots & 0 & \cdots \\ \vdots & \vdots & \vdots & \vdots & \ddots \end{bmatrix}$$

图4-36 C 矩阵到 M 矩阵的转换图

从几种 PageRank 改进算法中,选择带偏倚的 PageRank 算法,得到迭代转移的分数值计算方法为

$$m_{ij} \begin{cases} \dfrac{\text{degree\_out}(i)}{\text{degree\_out\_base}(j)} \times \dfrac{\text{degree\_in}(i)}{\text{degree\_in\_base}(j)}, & \text{如果 } j \text{ 节点有指向 } i \text{ 节点} \\ 0, & \text{如果 } j \text{ 节点没有指向 } i \text{ 节点} \end{cases} \quad (4-14)$$

式中:degree_out(k)为第 k 个节点的出链数量,即电路中与中心触发器节点对应的源触发器个数;degree_in(k)为第 k 个节点的入链数量,即电路中与中心触发器节点对应的目标触发器个数。

定义 $P(j)$ 为节点 j 指向的节点 i 的集合,可得

$$\text{degree\_out\_base}(j) = \sum_{k \in P(j)} \text{degree\_out}(k) \quad (4-15)$$

$$\text{degree\_in\_base}(j) = \sum_{k \in P(j)} \text{degree\_in}(k) \quad (4-16)$$

(2)初始分数 v_0。

v_0 为 PageRank 算法中各节点的初始分数值,初始分数的分配为平均分配,即

$$v_0 = \begin{bmatrix} \dfrac{1}{N} & \cdots & \dfrac{1}{N} \end{bmatrix}^{\mathrm{T}} \quad (4-17)$$

(3)阻尼因子 β。

在 PageRank 算法中,阻尼因子 β 有三种具体含义:一是表征网上冲浪模型中的用户关闭网页重新开始的行为;二是降低死巷与爬虫陷阱两种特殊节点对计算的影响;三是通过调整算法迭代参数,提高计算效率。

在电路的双逻辑锥模型中,触发器的错误输出向后级传播过程中,有可能被逻辑电路屏蔽而停止错误传播;同时,由于电路中存在爬虫陷阱节点,需要阻尼因子 β 提高算法运算效率。

综上所述,PageRank 算法关键参数在电路中的映射汇总如表 4-17 所列。

表 4-17 PageRank 算法关键参数在电路中的映射汇总

	相关概念	电路中的意义
重要参数	转移矩阵 M	双逻辑锥源触发器和目标触发器个数计算
	初始分数 v_0	各节点平均分配
	阻尼因子 β	表征组合逻辑屏蔽的行为,解决爬虫陷阱问题,提高运算效率

4.4.2.3 基于 PageRank 算法电路节点筛选加固方法

基于 PageRank 算法的电路部分冗余加固实现流程如图 4-37 所示。整个过程共分为关系矩阵生成、PageRank 迭代和重要节点加固三个步骤,下面分别介绍这三个步骤的具体操作。

1)逻辑电路综合

用硬件描述语言(Hardware Description Language,HDL)代码来表示一个电路的功能,以一个含有 7 个触发器节点的 Verilog 代码为例,其内部触发器节点逻辑关系如图 4-38 所示。

使用美国新思公司(Synopsys)的芯片逻辑综合工具 Design Compiler 读入 HDL 代码,进行逻辑综合,并把内部触发器节点之间的时序路径用工具报出来,放在报告文件中。

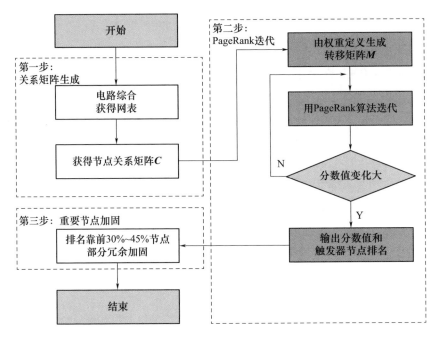

图4-37 电路部分冗余加固实现流程

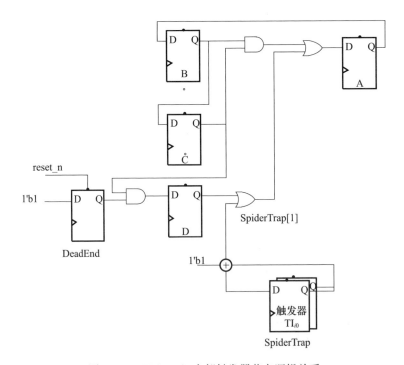

图4-38 PRSample 内部触发器节点逻辑关系

2)节点关系矩阵 **C** 生成

用 Perl 脚本(一种文本分析语言)对 Design Compiler 工具的报告文件进行分析,就获得了触发器节点关系矩阵 **C**,将扇入为 0 的节点(关系矩阵中一行全为 0)判定为死巷节点并删除。爬虫陷阱节点通过功能分析去除。以 PRSample.v 为例,关系矩阵如图 4-39 所示。

	A	B	C	D	死巷	爬虫陷阱[0]	爬虫陷阱[1]
A	0	1	1	1	0	0	1
B	1	0	0	0	0	0	0
C	0	1	0	0	0	0	0
D	0	0	1	0	1	0	0
死巷	0	0	0	0	0	0	0
爬虫陷阱[0]	0	0	0	0	0	1	1
爬虫陷阱[1]	0	0	0	0	0	1	1

图 4-39 PRSample 的关系矩阵 **C**

(1)转移矩阵 **M** 生成。

经过剔除死巷节点和爬虫陷阱节点之后的关系矩阵 **C**,假设统计矩阵中每列为 1 的点的个数为 n,就将 $1/n$ 赋给这些点,就获得了转移矩阵 **M**。以 PRSample 为例的转移矩阵 **M** 如图 4-40 所示。

	A	B	C	D
A	0	0.5	0.5	1
B	1	0	0	0
C	0	0.5	0	0
D	0	0	0.5	0

图 4-40 PRSample 的转移矩阵图

(2)PageRank 迭代。

用 MATLAB 编写程序,生成转移矩阵 **M**,阻尼因子为 0.9,假设有 N 个有效节点(剔除死巷节点和爬虫陷阱节点后剩余触发器节点)个数,就设每个节点的初始 PR(PageRank)值为 $1/N$。用 PR 算法进行迭代,通过将每个触发器节点的迭代前后 PR 值之差的绝对值累加,并和门限相比较,若低于门限则退出 PR 迭代。

(3) 节点排序输出和重要节点三模冗余加固。

在 MATLAB 中按照 PR 值对触发器节点由大到小进行排序。选择 PR 值排序靠前的 40% 节点,替换成三模触发器,并对网表进行功能仿真。

4.4.3 实验及结果分析

4.4.3.1 实验环境设置

采用错误注入对部分三模冗余加固后的电路进行评估,搭建仿真验证环境如图 4-41 所示,针对实际电路网表,在一定的时间间隔内周期性地随机选择触发器模拟状态,判断模块的输出是否出错,统计每个模块前 15 次出错的时间,平均结果作为该模块的可靠性指标 MTBF。

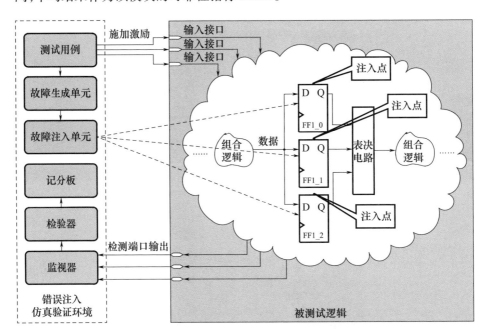

图 4-41　错误注入测试 MTBF 的仿真验证环境

4.4.3.2 关键参数分析设定

1) 阻尼因子设定

为分析阻尼因子,本章选择 8 个模块进行仿真计算。改变阻尼因子,统计各个模块迭代次数,得到图 4-42 所示的曲线。

从图 4-42 可以看出,迭代次数随阻尼因子 β 的增大而增加。当阻尼因子

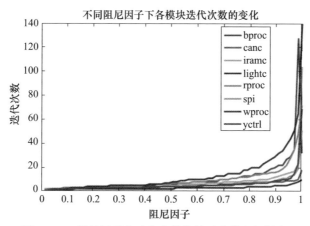

图 4-42 阻尼因子和迭代次数的关系曲线(见彩图)

处于 $\beta \in (0.9,1)$ 区间时,迭代次数会出现波动。$\beta \in (0.9,1)$ 区间迭代次数比 $\beta \in (0,0.9)$ 区间内的迭代次数增加更快,说明在此区间运算量和运算时间快速增大。综合考虑运算结果的准确性和运算量,确定阻尼因子 β 为 0.9。

2) 重要节点选择策略

通过部分三模冗余后的功能仿真,计算模块的 MTBF,据此确定部分冗余节点的比例。图 4-43 所示为模块 MTBF 与三模冗余加固比例的关系。图中,横轴表示根据 PageRank 计算结果,对电路节点按分数值排序选择靠前节点的比例,即部分三模冗余加固的占比;纵轴表示系统在不同加固比例下的 MTBF 值。可以看出,大多数模块在加固比例 35% 以内,就可以达到与全三模冗余加固基本一致的可靠性。

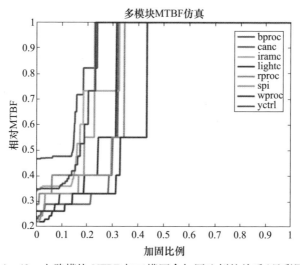

图 4-43 电路模块 MTBF 与三模冗余加固比例的关系(见彩图)

4.4.3.3 实验结果

为了验证基于 PageRank 算法的部分三模冗余加固方法,采用在轨遥感光学图像处理器中的关键模块进行仿真分析,包括点亮处理模块 lightc、块处理模块 bproc、写控制模块 wproc 和读控制模块 rproc。计算各模块无冗余、部分三模冗余和全三模冗余的可靠性 MTBF 计算结果,计算每个模块部分冗余节点占比,如表 4 – 18 所列。

表 4 – 18 光学处理典型模块部分冗余加固比例

模块名称	未加固节点数	未加固 MTBF/ns	全冗余 MTBF/ns	部分冗余 MTBF/ns	部分冗余加固比例
lightc	1174	153873618	453552651	452637536	27%
bproc	7605	7424326	25140652	24869481	35%
wproc	2417	7423493	24863130	24598460	33%
rproc	1654	5048678	20433344	19612312	29%

比较部分三模冗余和全三模冗余的网表的逻辑面积,如表 4 – 19 所列。

表 4 – 19 光学处理典型子模块部分冗余逻辑规模

模块名称	全冗余逻辑规模/万门	部分冗余逻辑规模/万门	逻辑规模节省比例/%
lightc	15862	11233	29.19
bproc	121882	78986	35.20
wproc	36626	24070	34.28
rproc	23333	16260	31.16

4.5 小结

本章首先比较了多种类型在轨遥感数据处理芯片的优缺点,可对在轨器件的选用提供一定指导作用。针对星载 SAR 在轨成像处理、在轨遥感光学图像处理典型需求,介绍了一款在轨 SAR 成像处理芯片和一款在轨遥感光学图像处理芯片的设计与验证情况。

在轨 SAR 成像处理芯片采用 SoC 设计。针对 SAR 成像算法中的二维聚焦、去斜补偿以及因子运算等复杂运算功能,设计了双运算符运算引擎子系统;针对 SAR 成像处理二维海量数据访问等特点,设计了既能满足特殊地址规律访问又保证数据存取的高效性能的 XDMA 电路。芯片处理能力优于 40GFlops,在标准电压常温模式下,运行时的功耗为 10.8W。最后在使用该芯片搭建的系统中测试,可实现不同场景的点目标和面目标的成像。在保持功能性能不变的基础上,可将系统的体积、重量、功耗降低到原基于 Xilinx V6 系列 FPGA 所构建系统的 60% 左右。

在轨遥感光学图像处理芯片采用 SoC 设计。针对图像处理运算特点,设计 8 类通用处理引擎,实现处理资源的高度复用;针对图像处理存储需求,设计基于数据缓冲周期特征的存储高效复用机制。芯片处理能力优于 10GFlops,在标准电压常温模式下,运行时的功耗为 2.0W,可实现船只检测等处理。在保持功能性能不变的基础上,可将系统的体积、重量、功耗降低到原基于 Xilinx V2 系列 FPGA 所构建系统的 50% 左右。

参考文献

[1] 冯彦君,华更新,刘淑芬. 航天电子抗辐射研究综述[J]. 宇航学报,2007,28(5):1071-1080.

[2] 杨晓超,王春琴,荆涛,等. 中高地球轨道高能粒子辐射环境分析[C]//中国空间科学学会空间探测专业委员会全国空间探测学术研讨会会议. 2013.

[3] Marinissen E J, Prince B, Keitel-Schulz D, et al. Challenges in Embedded Memory Design and Test[C]// Design, Automation and Test in Europe. IEEE, 2005:722-727.

[4] Reichenbach M, Seidler R, Pfundt B, et al. Fast image processing for optical metrology utilizing heterogeneous computer architectures[J]. Computers & Electrical Engineering, 2014, 40(4):1158-1170.

[5] Wu J, Jin Y, Li W, et al. FPGA implementation of collaborative representation algorithm for real-time hyperspectral target detection[J]. Journal of Real-Time Image Processing, 2018, 15(3):673-685.

[6] Li, Zhang, Wu. Efficient Object Detection Framework and Hardware Architecture for Remote Sensing Images[J]. Remote Sensing, 2019, 11(20):2376.

[7] Shivakumar P, Kistler M, Keckler S W, et al. Modeling the Effect of Technology Trends on the Soft Error Rate of Combinational Logic[C]// Proceedings. International Conference on. IEEE. 2002:389-398.

[8] 蔡烁,邝继顺,张亮,等. 基于差错传播概率矩阵的时序电路软错误可靠性评估[J]. 计算机学报,2015,38(5):923-931.

[9] 姚思远,刘文平. 一种双栅结构抗单粒子翻转加固 SRAM 存储单元[J]. 现代电子技术,2015,38(18):102-105.

[10] 岳园,何安平. 使用逻辑锥分割的组合电路等价性验证[J]. 计算机工程与应用,

2013,49(2):61-66.

[11] Qian W, Riedel M D, Zhou H, et al. Transforming Probabilities With Combinational Logic [J]. IEEE Transactions on Computer – Aided Design of Integrated Circuits and Systems, 2011,30(9):1279-1292.

[12] 李稚楹,杨武,谢治军. PageRank 算法研究综述[J]. 计算机科学,2011(s1):185-188.

[13] Xing W, Ghorbani A. Weighted PageRank Algorithm[C]// Proceedings. Second Conference on. IEEE. 2004:305-314.

[14] Divjot, Singh J. Effective Model and Implementation of Dynamic Ranking in Web Pages [C]// Fifth International Conference on Communication Systems and Network Technologies. IEEE. 2015:1010-1014.

[15] Nagappan V K, Elango P. Agent based weighted page ranking algorithm for Web content information retrieval[C]// International Conference on Computing and Communications Technologies. IEEE,2015:31-36.

第 5 章

遥感成像卫星在轨实时处理平台架构及系统构建

5.1 概述

遥感成像卫星在轨实时处理平台架构是在轨实时处理系统构建的顶层设计，包括组织形式、组织关系和组织规划等。其中，组织形式是指系统中完成遥感数据处理所包括的必要节点，通常包括 I/O 节点、处理节点、存储节点、控制节点等；组织关系是指为完成特定处理任务，上述节点之间需具备的耦合关系，包括节点间流水处理、节点松耦合并行处理、节点紧耦合并行处理等；组织规划是指根据不同的处理算法，依据节点间的组织关系，将整个处理任务划分成控制、处理、存储、交换等几个特定的处理环节，将这些环节科学合理地映射到上述节点中，使得整个系统可以高效地组织运行起来。具体实现上，遥感成像卫星在轨实时处理平台架构可分为硬件架构及软件平台架构。遥感成像卫星在轨实时处理系统是基于上述平台架构，根据某型卫星实际处理需求，进一步开展定量化分析，来确定系统规模、软硬件方案等，并完成系统研制，最终形成可以应用的产品。

本章首先分析了遥感成像卫星在轨实时处理任务对处理资源的需求及特点，提出了适合在轨应用的通用化、可扩展、可重构硬件架构，在轨遥感数据实时处理软件架构以及在轨系统空间防护方法。在此基础上，阐述了针对某型遥感成像卫星的在轨实时处理系统设计的方法，并给出了两个典型系统的具体实现方案。

5.2　在轨实时处理平台需求分析

本节首先对在轨处理需求分析方法进行了概述,列举了需求分析的核心要素;然后以 SAR 成像处理与遥感图像目标检测处理为例,针对这两类具有不同处理特点的方法,详细阐述了需求分析的过程。

5.2.1　在轨处理需求分析方法

为了将遥感数据处理算法映射到在轨处理系统中,需要对资源需求进行分析。遥感数据常用算法所需资源分析如图 5-1 所示,主要包括以下三个方面:处理、存储、I/O 资源,运算特点以及所需支撑的数据资源。通过资源需求分析,可以为后续平台架构设计提供支撑。

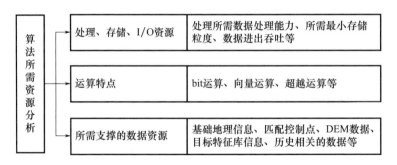

图 5-1　遥感数据常用算法所需资源分析

(1) 处理、存储、I/O 需求分析。

针对遥感数据处理算法,将算法按处理步骤进行拆分,然后分析其中每个运算步骤的处理量、存储量及 I/O 需求。其中,处理量主要分析处理过程所需的乘加次数,主要统计逐像素或重复性的运算,并对除法、三角函数、开方等非线性运算根据硬件特点进行折算;存储量是分析处理过程中所需的数据缓存容量,可以取多个处理步骤中最大缓存需求作为系统的设计边界;数据 I/O 需求是指处理过程中板卡之间需要进行数据传输的数据大小。

(2) 运算特点分析。

针对遥感数据处理的不同功能,各类算法具有不同的运算特点,从硬件实现的角度来看,主要涉及不同的运算类型,可划分为 bit 运算、向量运算、超越运算等多种类型。

(3) 所需支撑的数据资源分析。

所需支撑的数据资源主要指算法在处理过程中所需的辅助数据,如基础地理信息、匹配控制点、数字高程模型(Digital Elevation Model,DEM)数据、目标特征库信息、历史相关的数据等。

下面将以星载 SAR 在轨成像处理以及基于遥感图像的船只目标检测两类算法为例,进行在轨处理需求分析。

5.2.2 在轨 SAR 成像处理需求定量化分析

成像处理是 SAR 卫星数据处理的必要环节,由于其处理流程固定,因此可以准确地计算该算法在轨运行的资源需求。以条带模式成像为例,采用线性调频变标(Chirp Scaling,CS)成像算法,其处理流程如图 5-2 所示。

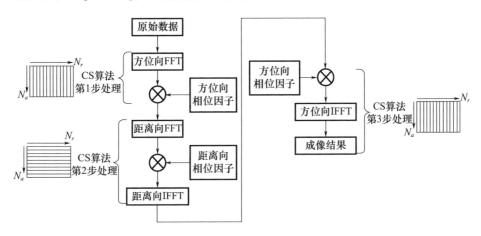

图 5-2 CS 算法处理流程

1) CS 算法的第 1 步处理运算量

CS 算法的第 1 步处理是依次将 N_r 条长度为 N_a 点的方位向回波数据进行 FFT 运算,并与 CS 算法第 1 步相位因子 Φ_1 进行复乘。

N_a 点方位向回波数据 FFT 运算及复乘的运算量为 $2N_a \log_2 N_a + 4N_a$ 次实数乘法和 $3N_a \log_2 N_a + 2N_a$ 次实数加法,共 $5N_a \log_2 N_a + 6N_a$ 次实数乘加运算。

CS 算法第 1 步相位因子 Φ_1 的表达式为

$$\Phi_1(n_a) = \exp\{-j\pi K_s(n_a) C_s(n_a) [\tau(n_r) - \tau_{\text{ref}}]^2\} \quad (5-1)$$

其中,$K_s(n_a)$ 和 $C_s(n_a)$ 对每条方位向数据都相同,无需每步更新,只需要将不同方位向数据对应的 $\tau(n_r)$ 带入进行计算即可。因此生成相位因子 Φ_1 的运算主

要为求 N_a 点复数据的三角函数运算,包括 $16N_a$ 次实数乘法和 $8N_a$ 次实数加法,总共 $24N_a$ 次实数乘加运算。

考虑到对 N_r 条方位向回波数据进行处理,则 CS 算法第 1 步处理的运算量为 $2N_rN_a \log_2 N_a + 20N_rN_a$ 次实数乘法、$3N_rN_a \log_2 N_a + 10N_rN_a$ 次实数加法。综上,N_r 条方位向回波数据一共需要 $5N_rN_a \log_2 N_a + 30N_rN_a$ 次实数乘加运算。

2) CS 算法的第 2 步处理运算量

CS 算法的第 2 步处理是依次将 N_a 条长度为 N_r 点的距离向回波数据进行 FFT 运算,与 CS 算法第 2 步相位因子 $\Phi_2(n_r)$ 复乘,再进行距离向 IFFT 运算。从运算量角度来看,相当于进行 N_a 次 N_r 点的脉冲压缩处理和 N_a 次 N_r 点相位因子的生成。

N_r 点脉冲压缩处理的运算量为 $4N_r \log_2 N_r + 14N_r$ 次实数乘法、$6N_r \log_2 N_r + 6N_r$ 次实数加法,共 $10N_r \log_2 N_r + 20N_r$ 次实数乘加运算。

CS 算法第 2 步相位因子 Φ_2 的表达式为

$$\Phi_2(n_r) = \exp\left\{-\mathrm{j}\pi \frac{f^2(n_r)}{K_s(n_a)[1+C_s(n_a)]} + \mathrm{j}\frac{4\pi}{c}f(n_r)\tau_{\mathrm{ref}}C_s(n_a)\right\} \quad (5-2)$$

其中,$f^2(n_r)$ 和 $f(n_r)\tau_{\mathrm{ref}}$ 对于每条距离向数据都相同,无需每步更新,只需要将不同距离向数据对应的 $C_s(n_a)$ 和 $K_s(n_a)$ 因子带入进行计算。因此,式(5-2)中指数项内的数据生成包括 $3N_r$ 次实数乘法、N_r 次实数加法和 N_r 次实数除法。在实现过程中,可以折合成约 $9N_r$ 次实数乘法和 N_r 次实数加法。此外,再加上 N_r 点复数据的三角函数运算,则每生成 1 次 CS 算法的第 2 步相位因子 Φ_2,其运算量大小为 $25N_r$ 次实数乘法和 $9N_r$ 次实数加法,总共 $34N_r$ 次实数乘加运算。

考虑到对 N_a 条距离向回波数据进行处理,则 CS 算法第 2 步处理的运算量为 $4N_rN_a \log_2 N_r + 39N_rN_a$ 次实数乘法和 $6N_rN_a \log_2 N_r + 15N_rN_a$ 次实数加法,总共 $10N_rN_a \log_2 N_r + 54N_rN_a$ 次实数乘加运算。

3) CS 算法的第 3 步处理运算量

与 CS 算法的第 1 步处理类似,其第 3 步处理是依次将 N_r 条长度为 N_a 点的方位向回波数据与 CS 算法第 3 步相位因子 Φ_3 进行复乘,再完成 IFFT 运算。

N_a 点方位向回波数据复乘及 IFFT 运算的运算量为 $2N_a \log_2 N_a + 10N_a$ 次实数乘法和 $3N_a \log_2 N_a + 4N_a$ 次实数加法,总共 $5N_a \log_2 N_a + 14N_a$ 次实数乘加运算。

CS 算法第 3 步相位因子 Φ_3 的表达式为

$$\Phi_3(n_r,n_a) = \exp\left\{-j\frac{2\pi}{\lambda}cn_r\left[1-\left[1-\left(\frac{\lambda n_a}{2v_a}\right)^2\right]^{1/2}\right]\right\} \cdot \exp\{j\theta_\Delta(n_a;R_s)\}$$

(5-3)

$$\theta_\Delta(n_a;R_s) = \frac{4\pi}{c^2}K_s(n_a;r_{\text{ref}})[1+C_s(n_a)]C_s(n_a)(R_s-r_{\text{ref}})^2$$

Φ_3 的生成过程比较复杂,涉及到开方运算,一般情况下认为开方运算的运算量与相同长度的复数 FFT 运算量相当,即 $2N_a\log_2 N_a$ 次实数乘法和 $3N_a\log_2 N_a$ 次实数加法,总共 $5N_a\log_2 N_a$ 次实数乘加运算。

考虑到对 N_r 条方位向回波数据进行处理,则 CS 算法第 3 步处理的运算量为 $4N_rN_a\log_2 N_a + 10N_rN_a$ 次实数乘法和 $6N_rN_a\log_2 N_a + 4N_rN_a$ 次实数加法,总共 $10N_rN_a\log_2 N_a + 14N_rN_a$ 次实数乘加运算。

4) CS 算法的总运算量

根据前述讨论,CS 算法各步处理及总运算量如表 5-1 所列。

表 5-1 CS 算法的各步处理运算量

	实数乘法次数	实数加法次数	实数乘加次数
CS 第 1 步处理	$2N_rN_a\log_2 N_a + 20N_rN_a$	$3N_rN_a\log_2 N_a + 10N_rN_a$	$5N_rN_a\log_2 N_a + 30N_rN_a$
CS 第 2 步处理	$4N_rN_a\log_2 N_r + 39N_rN_a$	$6N_rN_a\log_2 N_r + 15N_rN_a$	$10N_rN_a\log_2 N_r + 54N_rN_a$
CS 第 3 步处理	$4N_rN_a\log_2 N_a + 10N_rN_a$	$6N_rN_a\log_2 N_a + 4N_rN_a$	$10N_rN_a\log_2 N_a + 14N_rN_a$
CS 算法总运算量	$6N_rN_a\log_2 N_a + 4N_rN_a\log_2 N_r + 69N_rN_a$	$9N_rN_a\log_2 N_a + 6N_rN_a\log_2 N_r + 29N_rN_a$	$15N_rN_a\log_2 N_a + 10N_rN_a\log_2 N_r + 98N_rN_a$

根据上述分析方法,对于 $N_r \times N_a$ 大小图像,其他成像处理资源需求如表 5-2 所列。

表 5-2 成像处理资源需求

SAR 成像模式	操作次数	存储粒度/bit	I/O 需求/bit
滑动聚束	$20N_rN_a\log_2 N_a + 10N_rN_a\log_2 N_r + 170N_rN_a$	$N_aN_r \times 64$	$N_aN_r \times 64 \times 8$
条带	$15N_rN_a\log_2 N_a + 10N_rN_a\log_2 N_r + 98N_rN_a$	$N_aN_r \times 64$	$N_aN_r \times 64 \times 6$
多通道扫描	$20N_rN_a\log_2 N_a + 10N_rN_a\log_2 N_r + 116N_rN_a$	$N_aN_r \times 64$	$N_aN_r \times 64 \times 6$
TOPS	$20N_rN_a\log_2 N_a + 10N_rN_a\log_2 N_r + 122N_rN_a$	$N_aN_r \times 64$	$N_aN_r \times 64 \times 6$

5.2.3 在轨目标检测处理所需资源分析

以光学遥感图像船只目标检测算法为例,其典型算法的检测流程如图 5-3 所示,主要包括陆地区域屏蔽、目标显著性增强、目标候选区域提取、连通域标记及层次化虚警剔除等步骤。

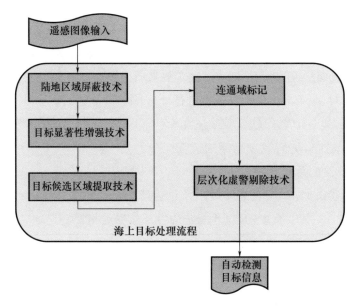

图 5-3 海洋船只目标检测流程

图像处理类算法的操作可以针对运算特点进行分类。其中:针对整图的滑窗运算,例如卷积神经网络中的卷积运算、Sobel 算子等,这类运算以乘加运算为主;针对像素点的逻辑判断运算等,例如直方图统计、图像二值化等,这类运算相对复杂,还可能存在非线性运算。假设图像长宽像素点数为 M、N,每个像素点以 8bit 量化存储,则对各步处理的运算量及存储需求进行评估,如表 5-3 所列。

表 5-3 光学船只目标检测资源需求

步骤	处理量(操作次数)	存储量/bit	I/O 需求/bit
陆地区域屏蔽	$M \times N \times 4$	$M \times N \times 16$	$M \times N \times 16$
目标显著性增强	$M \times N \times 20$	$M \times N \times 16$	$M \times N \times 16$
目标候选区域提取	$M \times N \times 16$	$M \times N \times 16$	$M \times N \times 16$
连通域标记	$M \times N \times 5$	$M \times N \times 2$	$M \times N \times 16$
层次化虚警剔除	$M \times N \times 50$	$M \times N \times 2$	$M \times N \times 40$

此外,算法运行所需支撑条件包括输入图像数据、DEM 数据库、增量训练样本。

5.2.4 小结

基于上述方法,结合不同类型载荷的典型指标,分析各类型在轨处理算法的资源需求,如表 5-4 所列。

表 5-4 典型载荷下在轨处理所需资源分析

算法类型	SAR 成像	图像校正	图像目标检测	卷积神经网络（以 YOLOv3 为例）
处理量/GFlops	100~2000	50~500	100~1000	150~200
传输能力/(MB/s)	100~6000	600~6000	200~6000	200~6000
存储量/GB	2~128	1~8	1~8	0.1~0.2
算法特点	二维访问、处理	二维网格插值处理	二维处理随机访问	三维访问块处理
基本运算	浮点 FFT 乘加	浮点处理乘加	定点处理乘加、判读	定点卷积处理、定点池化处理、浮点激活处理
共性特征	有限相关数据的二/三维处理,密集 FFT、复乘运算,大规模矩阵转置			
其他特征	针对同一算法、不同指标:处理、存储、传输等比增长			

此外,结合应用需求设计在轨处理具体任务,还需要考虑星上处理器件、在轨环境、卫星平台与成本开销等相关因素。因此,为了满足多源载荷、多类处理任务的在轨处理需求,对在轨处理平台的设计提出下列要求:

(1)兼容多模式、复杂处理流程。

在轨处理的应用需求不仅体现在对计算性能的要求上,还需要兼容多种计算类型。因此,如何使系统架构具备多模式兼容,满足复杂处理流程,成为系统设计的一个重要因素。

(2)处理、存储、传输平衡扩展。

遥感数据处理运算量大,现有单片处理器均难以满足处理需求,在轨处理系统必然是并行处理系统。而在轨遥感数据处理具有处理、存储、传输同比增长的特点,需要并行系统能够满足上述几个方面平衡扩展的要求。

(3)性能与功耗比。

根据卫星载荷的物理约束条件,要求在轨处理系统具有高性能处理能力,以满足天基多源海量数据的密集运算。因此,在轨实时处理系统要在单位功耗内具有更高的处理性能。

(4)高可靠、可容错。

针对空间环境对系统性能的影响,在轨实时处理系统要具备高可靠的特性,保证系统能够在空间极端环境下正常工作。当系统出现故障时,系统要具有适当的容错机制,避免由于故障而导致的系统功能中断。同时,系统在采用不同等级、不同可靠性器件的条件下,需要保证整个处理系统满足整星可靠性要求。

5.3 在轨通用化可扩展可重构硬件架构

5.3.1 现有硬件平台架构标准

根据需求分析,硬件平台架构应满足兼容多模式复杂处理流程、处理/存储/传输平衡扩展、高性能—功耗比、高可靠/可容错的应用需求,这就要求该架构具有高性能、通用化、开放式、可扩展、可重构等特征。

目前,国外在轨通用遥感信息实时处理系统架构采用模块化、标准化设计理念,同时采用标准互联接口,其发展历程如表 5-5 所列。已在轨投入应用的星上处理标准架构从 VME(Versa Module Eurocard)、紧凑型外设部件互连标准(compact Peripheral Component Interconnect,cPCI)发展到 OpenVPX(Versatile Performance Switching),逐渐向着标准化、模块化、高数传、可扩展方向发展。

表 5-5 星上模块化、可扩展处理架构发展历程

名称	星上产品推出时间	特点	典型模块	典型结构
VME	1990 年	基于专用总线、点对点互联	处理模块、主控模块、I/O 模块、存储模块等	点对点传输 / 总线控制网络
cPCI	1998 年			

续表

名称	星上产品推出时间	特点	典型模块	典型结构
OpenVPX	2011 年	具有交换互联的数据网络、控制网络,及公用管理网络	交换模块、处理模块、主控模块、I/O 模块、存储模块等	

VME 总线是一种通用计算机总线,采用的是 Motorola 公司 Versa 总线的电气标准,机械形状采用的是欧洲建立的 Eurocard 标准。自 1981 年 VME 总线标准提出,经过 30 余年的不断升级与完善[1],VME 总线凭借其高性能、实时性、高可靠性和并行性的特点在机载设备、舰载设备、核工程控制等众多计算机上得到广泛使用[2-3]。90 年代 VME 标准开始应用于卫星在轨数据处理领域。1994 年 Phillips 实验室空间实验理事会研发的 MightySat 系列卫星采用的就是 VME 标准协议,MightySat 卫星主要处理板卡如图 5-4 所示。然而,由于 VME 总线在数据传输速度上不及 cPCI 等新型总线,在 2000 年后逐渐被 cPCI 取代。

图 5-4 MightySat 卫星主要处理板卡

cPCI 是一种基于标准 PCI 总线的小巧而坚固的高性能总线技术,由 PCI 工业计算机制造商联盟(PCI Industrial Computer Manufacturers Group,PICMG)制定[4],用于工业和嵌入式应用。由于 cPCI 总线能够在恶劣的环境下稳定、高效、持久地工作,因此特别适合用于可靠性要求高、工作环境恶劣的航天工程中[5]。cPCI 总线系统在国外航天工程中具有大量的使用先例,例如 BAE 公司推出的航天计算机产品就是基于 cPCI 的标准化产品,是美国宇航局(National Aeronautics and Space Administration,NASA)的主流航天计算机,它采用 RAD6000 抗辐照加固 CPU,已执行航天任务数百次。此外,SEAKR 公司 cPCI 标准系列化在轨处理模块产品如表 5-6 所列。

表 5-6　SEAKR 公司 cPCI 标准系列化在轨处理模块产品

型号	处理器(FPGA)	高速缓存	对外接口	配置存储器
RCC1TM	Virtex	SDRAM	LVDS I/O	可存储多个配置文件
RCC2TM	Virtex II	DDRII	LVDS I/O	可存储>32 个配置文件
NT-RCCTM	Virtex II Pro	DDRII	—	可存储>32 个配置文件
RCC4TM-LX160	Virtex 4 LX160	DDRII 256MB per FPGA	High speed serial I/O	可存储 40 个配置文件
RCC4TM-LX200	Virtex 4 LX200	DDRII 1GB per FPGA	High speed serial I/O	可存储 40 个配置文件
RCC5TM-SIRF	Virtex 5 FX130	DDRII 1GB per FPGA	High speed serial I/O	可存储>100 个配置文件 可在轨上传新的配置文件

　　VPX 标准是 VME 国际贸易协会(VME International Trade Association,VITA)于 2007 年提出的新一代高速串行总线标准,已成为美国国家标准化组织正式批准的标准,且应用在美军 F-16、F-18 战斗机上[6]。但由于不同厂商对 VPX 标准的 P2~P6 定义不同,从而产生不兼容的问题,无法实现厂商间产品的通用。为了解决各厂商产品的通用化问题,并满足航空、航天等领域严酷的应用环境,在 VPX(VITA46)的基础上,结合加固技术标准(VITA48),由美国国防部组织 28 家大公司(主要包括 GE、波音、德国控创、台湾富士康、Curtiss-wright、4DSP 等)联合制定了 OpenVPX(VITA65)标准,并于 2010 年发布。

　　OpenVPX 规范是一个基于 VPX 模块的开放式系统架构,它创建了 VPX 市场的通用规范,使得各种 VPX 标准商用产品相互兼容。该标准定义了模块结构、连接器、散热、通信协议、电源定义,并且描述了槽位、背板连接器及引脚定义[7]。OpenVPX 标准是目前面向军工、航空航天领域的高性能、高可靠的计算机体系标准。在 2016 年 4 月 6 日发射的中国首颗微重力科学实验卫星——"实践"十号中,两大载荷都使用了 OpenVPX 架构计算机。

　　上述三种标准比较如表 5-7 所列。

表 5-7 VME、cPCI、OpenVPX 三种标准比较

互联类型	VME	cPCI	OpenVPX
支持的互联类型	VME 总线	PCI 总线 以太网	PCI 总线 RapidIO、SpaceWire
板间交互带宽	320MB/s	500MB/s	8GB/s
单板供电功率	90W	70W	400W

随着卫星载荷数据速率的不断提升，VME 与 cPCI 无法满足日益增长的高速传输与处理需求，由于 VME、cPCI、OpenVPX 并非专门针对在轨处理应用而设计的处理架构，因此系统可靠性及容错能力有限。2014 年底，在 OpenVPX 的基础上，美国宇航局、美国空军研究实验室、美国防部等政府机构组织 28 家公司提出并通过了下一代空间互联标准（Next Generation Space Interconnect Standard，NGSIS），即 SpaceVPX。从 OpenVPX 到 SpaceVPX 发展历程如图 5-5 所示。

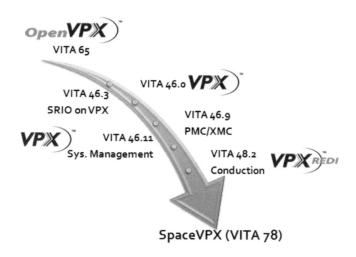

图 5-5 OpenVPX 至 SpaceVPX 发展历程

SpaceVPX 标准把 VPX 系列标准延伸到空间应用领域，SpaceVPX 架构图如图 5-6 所示，它以 OpenVPX 标准为基础，增加针对空间应用的特殊设计，主要包括单点故障容忍、空间应用接口、冗余模块设计、冗余管理、状态监控和错误诊断等。SpaceVPX 重新定义了 OpenVPX 的载荷模块、交换模块和背板模块，并在应用平面（Utility Plane）引入了高可靠的系统容错核心模块——SpaceUM（Space Utility Management）来满足容错要求。SpaceUM 主要用于电源、冗余、故

障信息的交互与分发,不具有处理能力。SpaceVPX 在控制平面(Control Plane,CP)中使用 SpaceWire 总线代替 OpenVPX 中使用的以太网。此外,SapceVPX 可兼容多种标准互联协议,如图 5-7 所示。

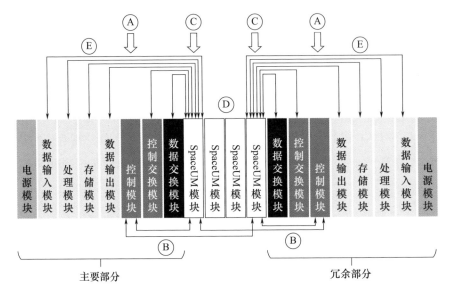

图 5-6 SpaceVPX 架构图

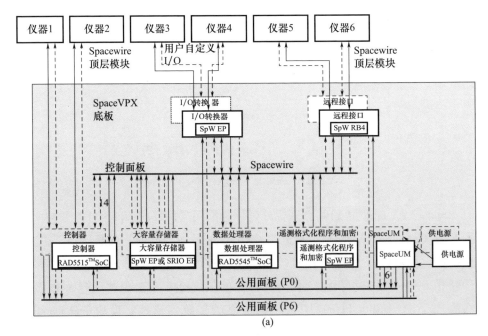

(a)

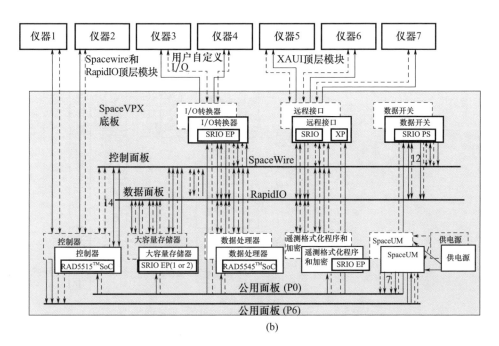

图 5-7 SpaceVPX 兼容多种标准互联协议示意图(见彩图)

SpaceVPX 系统最多支持 4 个 SpaceUM 模块,每个 SpaceUM 最多支持管理 2 个 3U 或 8 个 6U 逻辑模块。SpaceUM 模块的应用平面(Utility Plane)接口用于给每个载荷槽供电,其中应用平面 A 接口连接供电模块 A,应用平面 B 接口连接供电模块 B,SpaceVPX 通过电源选择信号来选择供电电源。SpaceUM 模块供电示意图如图 5-8 所示。SpaceUM 模块只提供电源分配,不支持电源隔离和电压转换的功能。

对于系统控制的选择功能,SpaceVPX 通过控制选择信号来确定使用哪个系统控制器,其控制切换示意图如图 5-9 所示。SpaceUM 模块为每个系统内的槽位提供系统复位信号,系统复位信号通过管理命令或其他方法来控制。在 SpaceVPX 系统中,系统内各模块的信号(SM[3…0])连接到系统的管理总线上,包括 I^2C 总线(SM[1…0])、系统复位信号(SM[2])和系统的管理状态信号(SM[3]),当槽位断电时信号不使能。另外 SpaceUM 模块为每个槽位提供独立的系统参考时钟。

SpaceVPX 系统存在的不足主要体现在以下方面:

(1)SpaceUM 应用会提高系统的体积、重量。

系统设计时,需要根据功能板卡的数量配置 SpaceUM 板卡,然而 SpaceUM

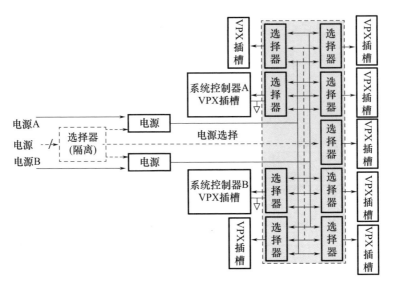

图 5-8 SpaceUM 模块供电示意图(见彩图)

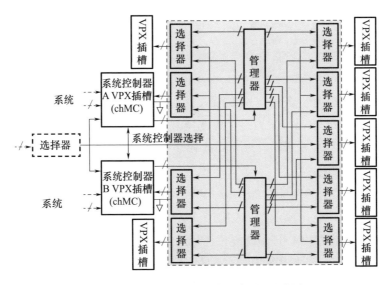

图 5-9 SpaceUM 控制切换示意图(见彩图)

板自身不具有处理能力,因此占用系统空间、重量,不利于系统小型化设计。针对 3U 系统,每个 SpaceUM 模块仅能控制 2 个功能模块,若系统配置 8 个功能模块,则需要 4 个 SpaceUM 模块,因此会造成系统开销浪费大。3U SpaceVPX 系统架构图如下图 5-10 所示。

第 5 章　遥感成像卫星在轨实时处理平台架构及系统构建

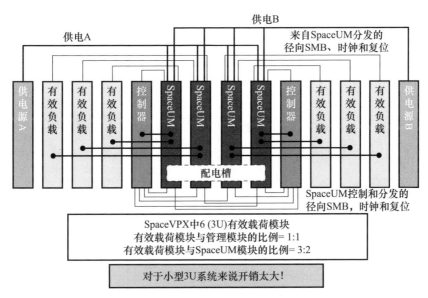

图 5-10　3U SpaceVPX 系统架构图（见彩图）

（2）SpaceUM 模块无备份，其故障会影响整机电源和系统控制。

SpaceVPX 系统采用 SpaceUM 板路由分发的供电策略。虽然采用了双冗余设计，实现了电源选择与切换功能，然而如果 SpaceUM 出现故障无法工作，则会影响多个模块的供电。SpaceVPX 系统的控制模块将系统时钟、复位等全局信息经由 SpaceUM 发送给功能模块，实现全局信息的传递与交互。如果 SpaceUM 出现致命故障无法工作，其管理的逻辑模块将无法正确接收到这些信息，从而无法完成指定处理任务。SpaceUM 模块供电和控制示意图如图 5-11 所示。

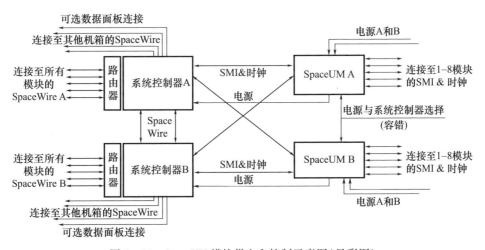

图 5-11　SpaceUM 模块供电和控制示意图（见彩图）

187

(3) 系统架构并非针对遥感数据实时处理设计。

SpaceVPX 全局信息互联网络如图 5-12 所示。该架构是一个通用性很强的处理架构，并非针对航天遥感数据处理设计，难以支持大粒度数据的多节点联合处理等特殊应用需求。

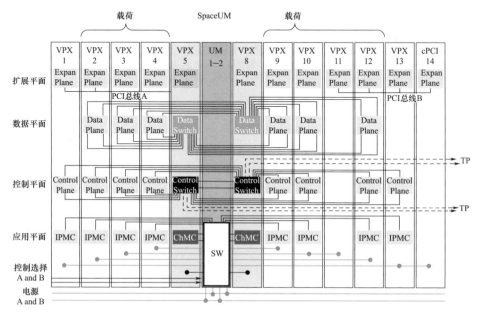

图 5-12 SpaceVPX 全局信息互联网络（见彩图）

5.3.2 在轨通用化、可扩展、可重构架构设计

在充分调研国外处理架构的基础上，通过分析并结合现有处理平台标准的优势，针对在轨遥感成像数据实时处理，设计了具有高效、可靠、平衡、可扩展特性的通用硬件平台架构，如图 5-13 所示。

1) 功能模块设计

在模块设计层面，根据在轨数据处理应用需求设计系统功能模块，可划分为主控、信息处理、高速输入输出、存储和交换等，这些功能模块共同组成了并行处理系统。

(1) 主控模块。

主控模块运行标准操作系统，提供在轨资源共享平台的接口，负责卫星数管的控制指令解析、分发，并且汇集设备内部的遥测信号进行组帧、编码。

第 5 章 遥感成像卫星在轨实时处理平台架构及系统构建

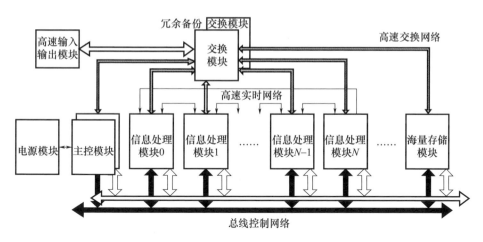

图 5-13 在轨实时信息处理系统示意图

(2)信息处理模块。

信息处理模块负责系统中具体算法的实施,主要完成计算处理的任务,通过并行扩展可以适应不同规模的算法处理。所有信息处理模块采用完全相同的配置,不同信息处理模块之间构成并行关系,对交换单元发送的数据进行并行处理。

(3)高速输入输出模块。

高速输入输出模块为系统提供高速的 I/O 通道,是系统与外界交换数据的通道。高速输入输出模块的数据吞吐率应该与系统数据处理能力相当。

(4)交换模块。

交换模块负责系统模块间交换机制的实现,例如通过交换模块,可实现信号处理模块与高速输入输出模块之间的数据高速传输。

(5)海量存储模块。

海量存储模块为系统提供数据缓存空间。

2)互联网络设计

在互联网络层面,星上处理系统内部模块之间采用了总线互联、高速交换互联、点对点互联等多种方式,从而实现高速数据传输、实时命令控制和严格的同步关系。根据输入数据率及数据并行处理需求,选择和配置系统的互联方式。总的来说,可以将系统互联网络分为控制流网络和数据流网络。

(1)控制流网络。

系统的控制功能由主控模块负责,其中包括接收卫星数管的控制指令,解析、分发给各功能模块,并汇集设备内部的遥测信号进行组帧、编码后发送给数管系统。同时,负责系统工作模式的切换、重构容错方案的执行等功能。

依据系统标准化、可扩展的设计准则,可采用标准总线的实现方式。同时考虑到冗余容错的需求,需要对总线进行冗余配置。出于可靠性的考虑,控制流采用双冗余串行总线。控制流网络拓扑结构如图 5-14 所示。通常在系统实现时,参照 SpaceVPX 架构以及控制流数据传输的特点,将 VPX P1 分配作为控制流网络的传输通道。

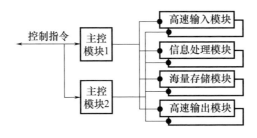

图 5-14 控制流网络拓扑结构

(2)数据流网络。

系统的数据接收、分发、存储和数据交换等功能由交换模块实现。系统外部原始数据首先由交换模块接收,然后根据不同的处理需求分发给存储模块或者信息处理模块。在数据处理过程中,多个信息处理模块之间通过交换模块将数据流网络虚拟成一个单处理节点,共同实现对整个数据流的调度和分配,从而实现整个系统处理性能的最大化。数据流网络拓扑结构如图 5-15 所示。通常在系统实现时,参照 SpaceVPX 架构以及控制流数据传输的特点,将 VPX P2~P5 分配作为数据流网络的传输通道。

上述在轨通用化、开放式、可扩展、可重构平台架构,具备高效、可靠、平衡、可扩展特性与处理能力,其主要表现在以下几个方面:

(1)在任务级的并行处理中,利用在轨遥感信息处理算法具有数据有限相关性这一特点,构建多通道数据处理并行系统。通过输入模块将遥感数据分割为多块数据,将每一块数据处理视为一个任务,按照负载均衡的原则将各处理任务以尽可能平等地分给各数据处理模块。从数据处理模块的角度来看,每个数据处理模块都是相对独立的个体,它们仅根据各自指令信息执行对应的任务,并在相应的程序节点将数据输出。每个数据处理模块包含高性能处理器、程序存储区和数据存储区,能独立执行算法程序,数据处理模块处理能力总和

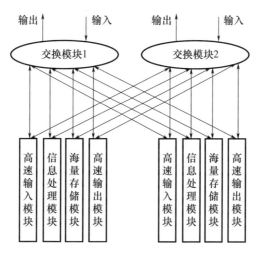

图 5-15　数据流网络拓扑结构

大于算法计算要求。

(2) 在子任务级的并行处理中,通过对任务分解实现子任务流水的并行策略。数据处理模块对任务的执行可分为数据输入缓存、数据处理、数据输出三个子任务,三个子任务采用流水的方式。当缓存一景数据后,开始执行数据处理子任务,同时在数据处理过程中继续缓存新的一景数据。当前数据处理完成后,在输出处理结果的同时进行下一景数据的处理。这样每隔一段时间(数据输入缓存、数据处理、数据输出三个子任务中最长执行时间)可以输出一次处理结果。

(3) 在指令间的并行处理,采用流水线处理机的并行策略。流水线处理机将指令的执行过程分解为若干段,每段进行一部分处理。一条指令顺序流过所有段即执行完毕获得结果。当本条指令在本段已被处理完毕而进入下段时,下条指令即可流入本段。因此在整个流水线上可以同时处理若干条指令。若各段的执行时间均为一个时钟节拍,则在正常情况下每拍可以输出一个结果,即完成一条指令。这种执行方式加快了程序的执行速度,不需要增加更多的硬件设备就可以提高计算机系统的性能价格比。数据处理模块处理器采用 5 级流水线,提高指令执行速度,同时采用程序存储器与数据存储器总线分离的处理器结构,避免指令、数据总线阻塞,以加快指令读取、数据存储[8]。

(4) 在指令级的并行处理,采用多功能部件处理机的并行策略。根据数据处理算法计算需求集成加速处理模块。加速处理模块主要是配合主处理器完成一些特殊的大运算量或者复杂运算的操作,利用硬件固有的运算特性提高单位时间的运算能力,包括多种类的高效运算单元,例如单比特运算单元、高性能单指令多数据流(Single Instruction Multiple Data,SIMD)运算单元、矩阵运算单元、浮点运算单元等。此外,集成协处理器子系统、增加DSP指令,在算法执行时通过算法分解映射到运算单元或DSP指令,提高软件的运算效率。在上述策略的基础上,通过算法分解将待处理数据在芯片内多个不同运算单元之间形成流水,从而使多个运算单元可以并行地处理数据,提高处理速度[9-10]。

基于上述方案,本书设计的硬件处理架构具有如下特点:

(1)高性能通用化。基于并行处理器阵列的多级流水体系架构,采用了时间重叠和资源重复的方法。通过重复设置数据处理模块的硬件资源,提高系统并行运算性能。同时内置高效运算单元、协处理器,利用硬件固有的运算特性,提高单位时间的运算能力。将任务执行的子任务、指令间、指令内的微操作在时间上相互错开,轮流重叠地使用系统硬件的各个部分,以加快硬件周转而赢得速度。这种并行架构从不同层次挖掘系统的并行性,从而提高系统的处理能力。

(2)可扩展。数据有限相关性这一特点降低了数据处理模块间的耦合度。输入系统对输入数据进行分割和分配。输入输出系统与各个数据处理模块采用独享数据总线,避免数据传递中的阻塞现象,加快数据处理进程,也使得每个数据处理模块相对独立。对于数据处理模块而言,仅根据指令信息执行对应的任务。当并行处理能力需求增加时,输入系统进一步分割图像,在数据处理模块处理能力不变的情况下增加数据处理模块,提升系统并行度。

(3)开放性。数据处理模块采用可编程处理器及算法通用硬件加速单元。在不同应用下,可以改变输入系统数据分割策略,重新规划算法流程。数据处理模块通过更改程序实现对不同算法的处理。

(4)可重构。利用处理器阵列并行架构的扩展功能,在系统中增加备份数据处理模块。在个别数据处理模块故障的情况下,由输入系统进行故障屏蔽,启用备份模块,保证系统继续正常工作。

5.3.3 处理节点设计

5.3.3.1 高效处理节点设计方法

1)单处理器时序分析

本节将以一个单处理器构成的处理节点为例,说明处理节点的处理能力与存储器访问带宽匹配的问题。

以 SAR 成像处理为例,算法可以分解为若干次方位向及距离向处理。每次方位向或距离向处理可以抽象为若干次图 5-16 所示的过程,即对一个二维矩阵中的每一条向量完成读取数据、处理数据、存储数据 3 个步骤。

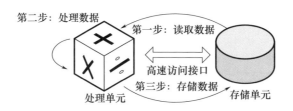

图 5-16 SAR 处理过程的抽象

假定对一条向量数据的读写时间分别为 τ_r 和 τ_w,处理时间为 τ_p。当顺序处理时,对每条向量数据的处理时序关系可以表示为图 5-17(a) 所示的过程。

现代数字信号处理芯片中的 DMA 技术,使得处理器可以不依靠运算内核来完成数据输入输出。因此,在对每条向量数据进行处理时,可以同时完成前一条向量数据的保存及下一条向量数据的读入任务,即数据处理过程可以与数据读写的过程并行完成,对每条向量数据的处理时序关系可以表示为如图 5-17(b) 所示的过程。

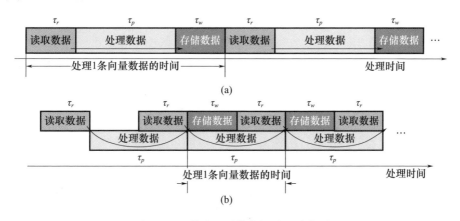

图 5-17 单处理器节点的处理时序图
(a) 读写与处理串行完成时的时序关系;(b) 读写与处理并行完成时的时序关系。

在处理与数据读写并行完成时,处理节点的处理过程被分为数据处理与数据读写两个部分,当处理时间与读写时间不等时,共包含两种情况,其时序关系分别如图 5-18(a) 和图 5-18(b) 所示。

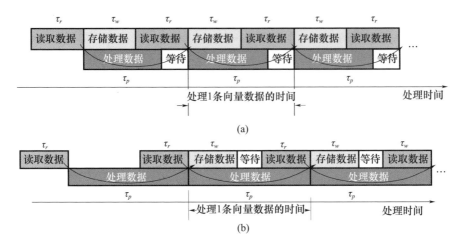

图 5-18 单处理器节点的处理能力与存储器访问速率失配的情况

(a) $\tau_p < \tau_r + \tau_w$ 时的时序关系；(b) $\tau_p > \tau_r + \tau_w$ 时的时序关系。

在图 5-18(a)中，$\tau_p < \tau_r + \tau_w$，即对 1 条向量数据的处理时间小于对其进行读写的时间。此时，处理能力资源在某些时候处于闲置状态，缩短处理时延的关键是增大对存储器的访问速率，从而缩短对数据的读写时间。

在图 5-18(b)中，$\tau_p > \tau_r + \tau_w$，即对 1 条向量数据的处理时间大于对其进行读写的时间。与图 5-18(a)所示情况相反，此时存储器访问资源在某些时候处于闲置状态，缩短处理时延的关键是增大处理节点的处理能力，从而缩短对数据的处理时间。

因此，当对 P 条向量数据进行处理时，单处理器处理节点的处理时延 τ_{total} 为

$$\tau_{\text{total}} = P \cdot \max[\tau_p, (\tau_r + \tau_w)]$$

2) 多处理器节点的时序分析

如果将一个处理节点的处理器数量由 1 片扩展到 N 片，数据的处理工作由 N 片处理器并行完成。由于在 τ_p 时间内，处理节点可以完成对 N 条向量数据的处理。

对于共享存储器的多处理器系统，由于处理单元对存储单元的访问接口只有一条，因此各处理器的数据存储操作是串行完成的，即处理单元对一条向量数据的等效读写时间仍为 $\tau_r + \tau_w$。

当 $\tau_p = N \cdot (\tau_r + \tau_w)$ 时，处理节点对向量数据的处理和读写完全并行完成，如图 5-19(a)所示。此时，处理节点的处理能力与存储器读写速率达到匹配。

当 N 足够大,以至 $\tau_p < N \cdot (\tau_r + \tau_w)$ 时,处理节点对数据的等效处理时间小于读写时间,如图 5-19(b)所示。此时,处理时延的瓶颈就在于对存储器的读写速率。

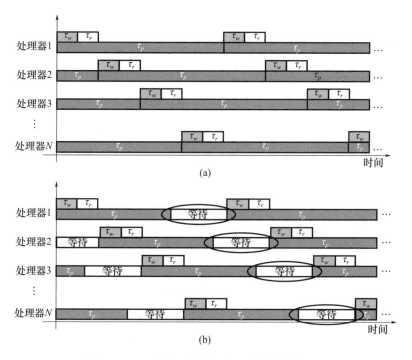

图 5-19　N 片处理器并行处理时的时序关系图
(a) $\tau_p = N \cdot (\tau_r + \tau_w)$;(b) $\tau_p < N \cdot (\tau_r + \tau_w)$。

3) 处理节点高效设计方法

根据上述时序分析,针对目前主流处理器的性能指标,对 SAR 成像处理中的大部分处理步骤来说,单处理器对 1 条向量数据的处理时间将超过对其进行读写的时间。在这种情况下,处理节点的延时由处理时间决定;为了缩短处理时延,就需要采用多处理器并行的方式提高处理节点的处理能力。但是在增大处理器的数量时,必须同时提高存储器的访问速率。

本书针对在轨成像遥感信息实时处理的特点,提出了一种保证单个构件处理效率最优并可平衡扩展的处理构件设计准则。定义处理构件的处理吞吐比(Compute – IO Rate, CIOR)为

$$\text{CIOR} = \frac{\tau_p}{\tau_r + \tau_w}$$

其物理意义为当处理构件执行某种特定处理步骤时,平均用于处理的时间与用于数据输入输出的时间之比。对处理数据的读写时间分别为 τ_r 和 τ_w,处理时间为 τ_p。设计处理构件的处理吞吐比 CIOR 在 1 附近,可实现最高效处理和保证可平衡扩展。

处理节点内部架构模型如图 5-20 所示,节点内多片处理器共享总线,而且在总线上共享外部随机存取存储器(Random Access memory, RAM),多片处理器通过可重构数据交换桥或高速数据总线和其他处理节点互连,同时通过总线 I/O 接口与外部 I/O 互连。该处理构件结构模型采用了混合并行结构,可以实现多处理机和多计算机两种并行结构,以及两种并行结构的混合使用。处理节点内部的多个处理器通过共享数据总线,可以等代价地访问外部存储器(RAM),并拥有相同的地址空间,构成多处理机的并行结构,可进行细粒度的并行处理。多个处理器之间又可以通过点对点连到可重构数据交换桥的网络,实现处理器之间的消息传递,构成多计算机的并行结构。这种共享存储与消息传递兼备的数据传递方法,解决了多种模式并行以及系统内复杂数据流传输的问题。

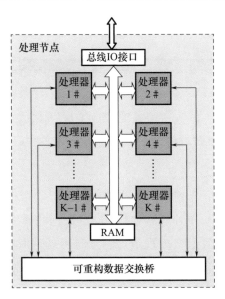

图 5-20　处理节点内部架构模型

根据处理吞吐比准则,可完成共享总线处理器数量及对外互联带宽的设计,从而实现处理构件的最优效率及平衡扩展。

5.3.3.2　典型模块设计

根据上述分析,本节针对在轨通用化、开放式、可扩展、可重构处理架构中的主要功能模块设计进行详细介绍,包括处理模块设计、I/O 交换模块设计、主控模块设计等。本章所介绍的模块设计均采用了 6U 标准。

1) 处理模块设计

处理模块的设计是基于异构通用硬件平台架构,该模块主要组成如下。

(1) 算法处理 FPGA/SoC:实现向量级运算处理,与 DSP 配合完成全部计算任务以及数据缓存控制和数据输入输出等。

(2) 算法处理 DSP:配合 FPGA/SoC 完成全部计算任务,主要面向非向量级复杂信号处理,适用于数据量较少、处理流程复杂部分的计算。

(3) DDR、SDRAM 缓存:原始数据、处理结果及中间处理结果的缓存。可根据处理需求进行配置。

(4) 高速数据交换:经由 SpaceVPX 的 P1 ~ P4 通道,采用并行 LVDS(Low Voltage Differential Signaling)或高速 SRIO(Serial RapidIO)串行传输的方式,完成模块间点对点高速通信。

本书中列举了基于 V5 FPGA + C6727 DSP + SoC 和基于 V5 FPGA + C6727 DSP 两种图像处理模块,具体实现框图如图 5-21 和图 5-22 所示。

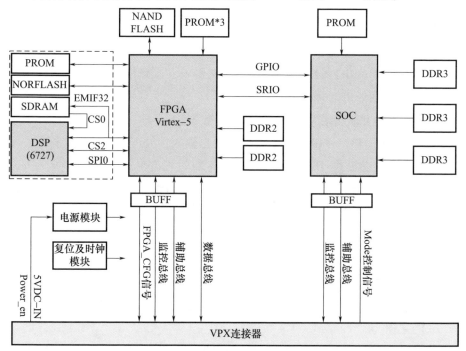

图 5-21 图像处理模块 1 实现框图

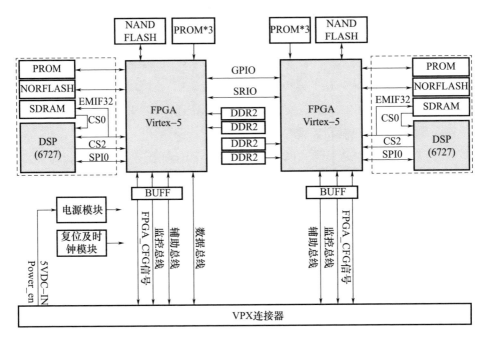

图 5-22 图像处理模块 2 实现框图

2)I/O 交换模块

I/O 交换模块基于高速串行通信协议和 OpenVPX 协议规定设计,以实现系统多处理节点间 SRIO 数据点到点实时交换要求。设计框图如图 5-23 所示,该模块主要组成如下。

(1)高速串并转换芯片 2711:实现高速数据输入/输出接口。

(2)高性能 FPGA + DSP + DDR:实现数据输入预处理、数据路由控制。

(3)程序存储模块:DDR、SDRAM 缓存运算过程产生的大批量数据,可编程只读存储器(Programmable Read Only Memory,PROM)存储 FPGA 及 DSP 程序,NAND FLASH 可用于存储查找表类数据库。

(4)供电:经由 SpaceVPX 的 P0 输入。

(5)监控、辅助及控制:经由 SpaceVPX 的 P5 通道传输。

(6)高速数据交换:模块间高速通讯,经由 SpaceVPX 的 P1~P4 通道传输。

(7)主、备双交换冷备份设计:增加可靠性。

3)主控模块

为适应星载电子环境的复杂性,平台设置专用的监控 FPGA 对受空间电磁辐射影响较大的算法处理 FPGA 的工作状态进行实时监测,并对其进行动态刷

第 5 章 遥感成像卫星在轨实时处理平台架构及系统构建

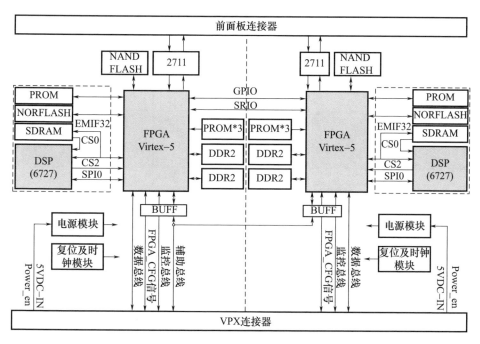

图 5-23 I/O 交换模块设计框图

新,来保证星上载荷信息实时处理平台功能的正确性。

主控模块用于实现原始数据输入的帧格式协议解析、预处理、数据分发、系统控制、处理结果对外输出等功能。基于以上分析,主控模块可以采用基于 SpaceVPX 架构的异构通用硬件平台,设计框图如图 5-24 所示。

该模块主要组成如下。

(1) FPGA 模块:采用 Xilinx V5 处理器负责接口管理及协议实现,通过 Xilinx V5 内核自带的 PowerPC 处理器实现系统管控功能,如任务管理、数据调度、上注更新、通信交互等。

(2) 总线接口模块:FPGA 控制实现标准总线控制接口模块,包括 1553B、RS422、控制器局域网(Controller Area Network,CAN)总线,FPGA 实现内部重加载总线,监控总线及控制总线。

(3) 程序存储模块:PROM 用于存储监控 FPGA 程序,NORFLASH 用于存储系统备份的处理算法程序、上注程序及参数。

(4) 状态自检模块:主控模块通过定时方式对自身以及内部其他模块的状态信息量进行采集,利用软件对测试结果进行判读,提早发现模块的异常状态,剔除故障单元,实现整机在线实时健康监测与管理。

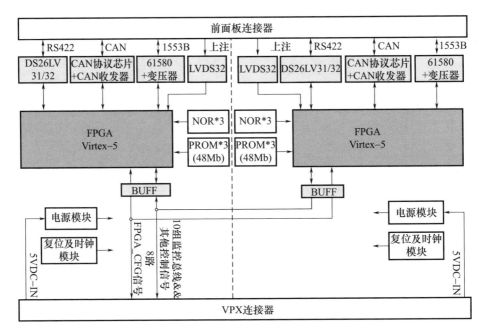

图 5-24 主控模块设计框图

5.4 在轨实时处理层次化软件平台架构

5.4.1 在轨软件平台设计需求分析

针对在轨处理体积、重量、功耗约束条件,为实现高性能、高可靠数据处理,硬件平台多采用 FPGA、DSP 作为核心处理器,即使硬件平台采用了模块化设计,系统软件仍然需要针对硬件进行定制开发。系统功能和软件相绑定,造成可维护性差,功能扩展、重构、升级困难,各环节耦合性强,研制周期长等问题。

为解决上述问题及应对在轨处理算法复杂多变、在轨资源约束下要求高效处理、算法流程以数据流驱动等情况,需要设计层次化、开放式软件平台来快速实现新型处理模式、处理任务的开发,灵活配置系统参数、算法、流程,进行快速部署和加载。

传统软件采用的是与功能相互绑定的开发模式,与之相比,层次化、开放式软件平台的核心设计思想是面向应用的,系统全部由可重构、可扩展的应用软件来完成。这种面向应用的开放性开发模式将研制、调试、改进和更新换代等工作重心从硬件底层软件开发领域转向上层软件开发领域，带来了更加灵活、可重复、可升级和易于实现的好处。如图 5-25 所示，设计层次化、开放式软件平台就是要达到系统的软硬件设计和算法的设计人员之间可以相对独立进行开发，实现对在轨处理系统的功能进行快速扩展、重构和验证。

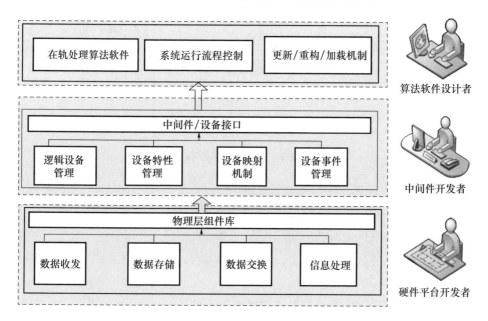

图 5-25 开放式软件平台的开发模式

软件平台要求能够适应多功能、多模式的处理任务，因此必须具有很强的通用性和可扩展性。通用性是指系统的数据收发、信息处理能够支持通过参数配置、软件加载等模式，支持系统多功能和多模式处理。系统的可扩展性，则有两个层面的含义。第一，系统规模的可扩展性，是指能够根据不同在轨系统任务的需求，灵活地增加、减小、重构软硬件资源的配置，并快速实现任务映射和配置，不需要在底层对软硬件做出大的改动。第二，系统平台技术的可扩展性，是指随着底层软硬件技术的升级（如处理器/FPGA 的升级），上层的处理任务和设置具有良好的可移植性，可以快速适应新的平台。

5.4.2 在轨层次化、开放式 DSP 软件平台架构

针对主控、高速输入输出和处理模块等不同的硬件和应用特点，建立如图 5-26 所示的 DSP 软件系统层次化架构。

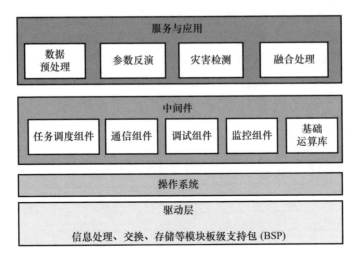

图 5–26 软件系统层次化架构

软件系统层次化架构的特点主要包括：

(1) 采用开放的分层式结构规范，使功能应用和操作环境分离。

(2) 采用软硬件去耦的中间件技术。

(3) 针对遥感数据处理特点，采用流程框架技术，提高开发效率，并解决高效并行映射难题。

(4) 用户可通过标准接口对处理器控制及通信。

(5) 为上层应用的开发提供统一的、开放的应用程序接口。

在层次化软件架构设计中，在轨处理系统软件可以分为三个层次：驱动层、中间件和服务与应用层。

1) 驱动层

驱动层包括板级支持包 (Board Support Package, BSP)、信息处理、信息交换和信息存储等。

板级支持包包括系统初始化模块、软件加载模块、存储器控制管理模块和数据 I/O 模块。系统初始化模块负责 DSP、FPGA 的初始化操作；软件加载模块提供多种加载控制方式；存储器控制管理模块主要负责 DMA、高效矩阵转置等操作；数据 I/O 模块主要是接收原始数据，发送处理后的结果数据。

根据处理器的不同，信息处理、信息交换和信息存储主要归结为 DSP 底层软件函数库的设计。DSP 底层软件函数库主要包括利用 DSP 实现基本数学运算库、I/O 驱动函数库、流程控制函数库等。这些库函数均是以 C 语言或者汇编语言的形式封装好,对外提供标准的函数接口,以便提供给应用软件调用。DSP 的底层软件函数库是实现基本运算功能、数据访问功能、流程控制功能的基础。为保证算法实现时的高效性和统一性,底层软件函数库可以设置为对外不可见,仅提供可以调用的接口,由项目开发者统一更新管理,保证设计的一致性和良好的可移植特性。

2)中间件

针对星上处理的主要工作模式、处理流程和控制模式,开发软件组件和中间件实现上层软件与底层硬件解耦,在强实时、多任务的约束下实现对全系统计算、存储、通信等方面资源的动态管理和调度。

标准化、通用化组件和中间件开发主要包括以下几点:

(1)基于开放式系统架构,构建共享可复用硬件组件库。

(2)硬件组件间采用标准统一的数据接口,提高组件互联互通及互操作能力。

(3)采用通信中间件及统一通信层,隔离应用组件与底层通用硬件设备。

(4)软组件以松耦合形式存在于组件库,由接口控制文件(Interface Control Document, ICD)定义输入输出。

中间件包括任务调度组件、通信组件、调试组件、监控组件和基础运算库等。针对星上处理算法制定标准的算法数据结构,支持软件的多种应用开发,为用户提供模块化、可扩展的技术框架。调度组件支持任务的下发、执行与回传,根据不同的应用算法完成底层软硬件资源的协调配置。通信组件支持上、下位机核心框架应用间的数据传输,完成不同模块之间数据资源的交互控制。调试组件提供参数保存、大数据导入导出等调试功能,可以根据不同的应用模式进行系统的调试及辅助处理软件的开发。监控组件提供监控信息保存、数据定时刷新等监控功能,在工作时完成各个软硬件状态的实时监控,保障系统正常运行。基础运算库包含基本的矢量运算、信号滤波等资源,供应用软件调用。

3)流程框架层

流程框架层主要针对不同的遥感数据并行处理流程特点,固化一些并行处理数据流框架和底层通讯机制,并解决流程中内存管理等问题,使开发者以填空的方式进行开发即可,从而有效提升效率。

4)服务与应用层

服务与应用层是用户目标应用的具体实现,包括数据预处理、目标检测识别处理、目标跟踪处理、融合处理等星上处理任务。该层次具有图形化、智能化的特点,通过统一的编程手段实现算法流程的开发。

5.4.3　基于存储映射的 FPGA 软件架构

随着信号处理技术和电路实现技术的快速发展,越来越多用 FPGA 来实现多源遥感图像处理,以满足处理系统的运算能力及体积、重量、功耗的要求。通过分析多种遥感图像处理算法,总结算法中运算流程、操作类型、数据类型的特点,主要包括算法步骤拆分、运算实时性估计、可靠性估计、功耗分析、逻辑验证等步骤。本书介绍一种面向遥感图像处理的 FPGA 软件设计方法及架构,根据存储器电路的特点,将存储器及其相关电路的设计作为关键点,从而实现逻辑规模、资源复用、运算时间等方面的优化。

目前,基于嵌入式平台的遥感图像处理算法的 FPGA 软件设计,主流方法采用数据流驱动型软件架构,即按照图像处理算法的处理步骤依次进行模块的设计与实现。这种设计方式目前最为常用,其优点是与算法的对应性强,移植难度低;缺点是由于定制化造成处理模块的复用度不高,容易产生资源的浪费[14]。

随着集成电路设计技术和工艺的进步,存储器电路在整个芯片中所占面积的比例越来越高,通常达到 90% 以上,存储器的功耗也占据了芯片整体功耗的大部分。在大数据量、高传输速率、实时处理的应用场合,针对现有基于运算为核心的软件架构设计方法的不足,本书提出了一种基于存储映射(Target For Memory,TFM)的 FPGA 软件处理架构。其特点是将存储器作为架构设计的关键点,围绕存储器复用、仲裁、引擎操作等环节来进行架构设计。这种架构将存储电路的访问作为软件架构设计的中心,可有效提高存储器的利用率,减少存储容量,进而减少电路规模和功耗。

FPGA 软件架构共包含 4 个部分,分别为存储单元、仲裁单元、处理引擎单元和主控单元。存储单元用于保存待处理的图像数据以及中间处理结果;仲裁单元用来实现处理引擎单元访问存储单元时的地址映射和访问仲裁,实现了存储器的分时复用;处理引擎单元用于按特定规律批量访问存储器中的数据块,实现特定类型的图像处理操作;主控单元根据图像处理算法流程,调度各处理引擎模块,实现对存储器的高效并发访问。基于存储映射的 FPGA 层次化软件架构具有开放性、兼容性及灵活性,如图 5-27 所示。

第 5 章 遥感成像卫星在轨实时处理平台架构及系统构建

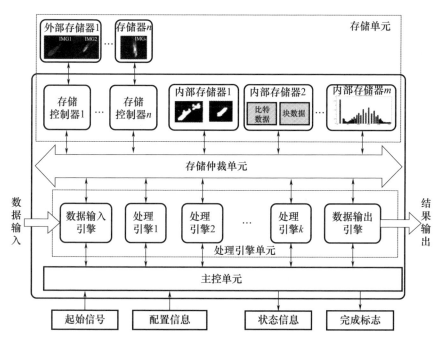

图 5-27 基于存储映射的 FPGA 层次化软件架构框图

5.5 在轨实时处理系统空间环境防护设计

由于空间环境的复杂性,电子系统受粒子影响,会发生单粒子闩锁、单粒子翻转等故障[15-16]。即使采用抗辐照器件也存在风险,例如基于 SRAM 型的抗辐照 FPGA,单粒子翻转问题也较为严重。此外,抗辐照器件性能远远落后于商用器件,其性能功耗比与商用现成品(Commercial Off – The – Shelf,COTS)器件相比低一个数量级,并且价格也十分昂贵[18]。

因此,无论采用高性能抗辐照器件还是采用商用器件,要构建高性能星上处理设备,都需要采取容错措施,这是保证系统高计算性能和高可靠性的必要策略。特别是采用商用器件搭建星载数据处理平台,虽然有更高的性价比,极大地提高了星载系统的计算性能,但同时会带来处理系统可靠性下降的问题,所以必须同时使用重构容错的手段来保证星载处理系统的可靠性[11]。现有的星载 COTS 器件容错技术以及测试结果如表 5-8 所列。

表 5-8 星载 COTS 器件容错技术及测试结果总结[20]

平台	发射时间	COTS 器件类型	容错技术	在轨测试结果
美国 Alsat-1 卫星	2002 年	数据/程序存储器 SRAM	程序存储器:TMR + Hamming 纠错码;数据存储器:RS(256,252)纠错码	SEU:3.67×10^{-7} SEU/bit/day
日本 MDS-1 测试卫星	2002 年	COTS 64 Mb DRAM	存储器:RS(16,12)纠错码	SEU 主要为单比特错误
美国 TacSat2 卫星	2006 年	SRAM 型 FPGA,DSP,SDRAM	FPGA:周期检测 FPGA 运行状态,回读检测技术;FPGA 和 DSP 均采用时间三模冗余技术;程序存储器采用三模冗余和 ECC 纠错码	星载系统运行正常
美国 CFESat 试验卫星	2007 年	SRAM 型 FPGA	FPGA 回读检测技术;Half-Latch 消除技术;三模冗余 TMR 技术	系统平均每天发生 2.4 SEU
南非 Sumbandilasat 卫星	2009 年	SRAM,处理器 CPU	SRAM 加固方法:EDAC 纠错编码,Latch-up 防护;处理器加固方法:软件实现进程监控,看门狗检测,存储器读写保护	从 2009 年 9 月到 2011 年 7 月,系统平均每天重启 1.04 次

传统容错方法主要包括三模冗余(Triple Modular Redundancy,TMR)[16]、FPGA 回读检测、软件实现进程监控和看门狗检测[19]等。针对存储器的容错方法则主要采用基于检错纠错编码[17](Error Detection And Correction,EDAC)的方式。通常而言,这些方法的资源开销很大,往往难以直接应用于遥感成像卫星在轨处理系统中。本书中提出的硬件平台架构已经充分考虑此问题,可基于上述平台在系统层、模块层、电路层采用相应的措施解决上述问题。

5.5.1 系统层容错和故障恢复方法

系统层架构设计将功能模块化,不同功能的模块可以设计不同的可靠性等级[19]。其中,主控模块对处理性能要求不高,但对可靠性要求最优;而交换模块、处理模块则可以降低可靠性要求,优先保证其性能。在交换模块和处理模块设计时,增加一个可靠监控接口与主控模块进行连接。

此外,系统层的互联容错设计如图 5-28 所示,具体介绍如下。
(1)双总线:中速、低速数据传输的两套总线互为备份。
(2)双交换:采用两个完全相同的高速交换模块,互为备份,完成系统中高速数据交换传输。

在系统总体上,基于可靠性层次化设计的方法以及冗余互联设计相结合,保证系统容错和故障恢复。

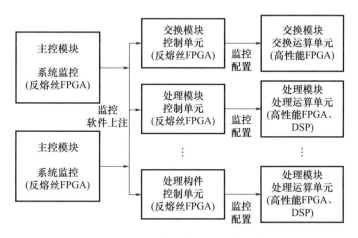

图 5-28 系统层的互联容错设计

5.5.2 模块层容错和故障恢复方法

模块层容错和故障恢复功能可在某一功能单元发生故障后,切换功能冗余的正常单元接替工作。在轨实时处理硬件平台模块化设计,可以满足在轨运行时,当一个模块发生故障后可以切换到另一个备份模块进行工作[16-18]。

模块层故障检测,一方面根据模块自检信息进行模块故障判断,另一方面根据任务过程中模块间状态信息的关联性、时序性进行故障检测。关联规则挖掘用于发现同一时间段内的信息关联,而序列模式挖掘则用于发现在时间上具有先后关系的数据关联。

基于上述系统层容错设计,主控模块是整个系统级容错设计的核心,通过主控模块可以实现对整个系统的故障检测与状态监控。一方面,通过自检信息,分析模块是否发生故障。当主控模块自检故障时,主控模块进行自主切换,由备份模块继续工作。当交换模块、数据处理模块自检故障时,由主控模块负责交换模块、数据处理模块的重试、切换及选择,进行系统重构。另一方面,在执行处理任务过程中,在同一时间对主控模块、交换模块和数据处理模块工作状态进行统一比对,确认交换模块和数据处理模块是否和主控模块工作状态一致、是否按任务执行要求进入相应工作状态。当出现状态不一致时,对状态不一致的交换模块、数据处理模块进行备份切换及系统重组。同时,在任务执行过程中对交换模块和数据处理模块工作状态进行存储,当状态变化时,查看交换模块和数据处理模块状态变化是否符合任务执行序列要求,对于不符合任务执行序列要求的模块进行备份切换及系统重组。具体地,容错和故障恢复可以分为上电和运行两个阶段进行设计。

5.5.2.1 上电阶段容错和故障恢复方案

1)上电阶段主控模块故障检测与容错

上电后主控模块对自身的处理器、系统总线进行初始化和自检测试。通过对自检信息进行分析,从而判断模块是否故障。当发现有模块出现故障时,自主切换到备份模块。当无法正常工作时,由看门狗电路负责切换。当主控模块需要切换到备份主控模块工作时,在备份模块当班后关闭主份模块的电源,并从交换模块中恢复系统信息,继续执行任务。上述主控模块故障检测流程如图5-29所示。

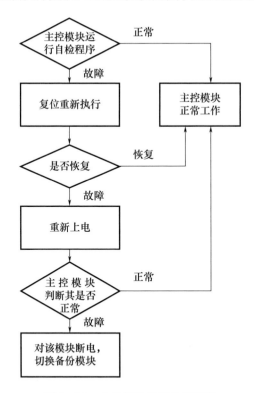

图5-29 主控模块故障检测流程

2)上电阶段交换模块、数据处理模块故障检测与容错

在任务执行前主控模块会查询交换模块供电状态、心跳状态,并通过系统

总线获取交换模块自检状态。当交换模块正常时,设置工作模式包括直通/处理模式选择、交换机制设定,并查询设定结果。工作过程中,查询交换模块各通道是否收到数据、接收到的数据帧等工作信息,判断交换模块是否执行任务。当上述工作中主控模块发现交换模块出现异常,则关闭当前交换模块电源切换备份模块。上述主控模块对数据处理模块/交换模块进行故障检测如图 5-30 所示。同样地,在任务执行前主控模块会查询各个数据处理模块供电状态、心跳状态,并通过系统总线获取数据处理模块自检状态,设置工作模式。

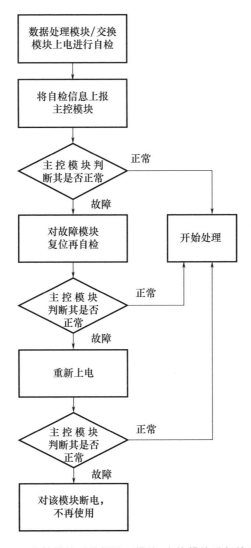

图 5-30　主控模块对数据处理模块/交换模块进行故障检测

5.5.2.2 运行阶段容错和故障恢复方案

数据处理模块的冗余模块采用"冷备份"设计。在运行过程中,数据处理模块不断把遥测量发送给主控模块,当主控模块判断某个数据处理模块发生故障,则启动备份的数据处理模块并通知交换模块,交换模块可实现数据传输的快速切换。上述故障检测流程如图 5 – 31 所示。

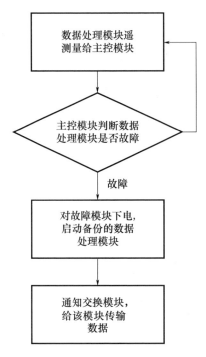

图 5 – 31　运行阶段故障检测流程

1) 交换模块系统容错和故障恢复

交换模块在上电时的自检容错与数据处理模块相同,不再复述。

在运行过程中,交换模块采用双冗余"热备份"设计,主控模块通过交换模块自身的遥测信息判断交换模块是否正常工作,还可以综合判断数据处理模块的遥测信息,看是否长时间数据传输不正常,以判断交换模块是否工作正常。

如果主控模块判断交换模块工作不正常,则通过专用的控制信号线,直接控制交换模块进行热备份切换。

2) 主控模块系统容错和故障恢复

主控模块采用模块"热备份"架构,具有两路冗余备份的 CAN 总线。该总线作为各模块之间信息传递的链路,实时传递数据流、控制信息以及状态参数。

模块运行过程中,主控模块会查询各个数据处理模块的工作信息,包括是否收发数据、是否检测目标等。当数据处理模块出现故障时,主控模块关闭数据处理模块电源,从自检状态正常的备用数据处理模块中按照顺序进行挑选、替代发生故障的数据处理模块。系统能容忍两块数据处理模块故障。当数据处理模块发生故障超过两块时,系统进入降级工作模式,关闭发生故障的数据处理模块电源,剩余的数据处理模块正常工作。

在主控模块中加入看门狗电路,设定为可多次狗叫的外部看门狗模式,看门狗时间可以由用户进行配置。第一次和第三次狗叫均复位本机,当多次连续狗叫复位无效后,第五次狗叫信号通知其他模块采用断点的措施进行恢复。

5.5.3 逻辑层容错和故障恢复方法

逻辑层容错和故障恢复设计主要包括如下几个方面:针对单粒子闩锁的设计,主要包括限流器的使用和限流电阻的使用;针对单粒子翻转的软件设计,CPU 或 DSP 可以外挂硬件看门狗电路,进行状态监控;对于 SRAM 型 FPGA,在卫星平台使用的情况下多采用 TMR + 自主程序刷新设计,若资源不允许则采用自主程序刷新设计。本节中主要针对 FPGA 和 DSP,介绍其逻辑层容错和故障恢复方法。

5.5.3.1 FPGA 设计容错和故障恢复方案

大规模 FPGA 的单粒子问题是影响系统可靠性的关键。在系统设计中,数据输入和输出以及系统控制等关键部位采用反熔丝结构的 FPGA 对 SRAM 型 FPGA 的实时程序回读和比对,工作流程如图 5-32 所示。

对于大规模的 SRAM 型 FPGA,可以采用其自带的抗单粒子翻转(Single Event Upset,SEU)功能的 IP 核,如 Xilinx 公司的 SEM-IP 核实现 FPGA 配置区检测。该 IP 核嵌入到目标 FPGA 工程程序中,可自动实现毫秒级配置区自动检测,通过对配置区配置数据帧的逐帧循环冗余校验(Cyclic Redundancy Check, CRC),自动判断当前配置区数据帧的正确性。若 CRC 校验发生错误,则表示有单粒子翻转发生,随即进行当前配置帧的纠正写入,实现自动刷新功能。该 IP 核嵌入目标程序占用很少的逻辑资源,不增加 I/O 管脚资源,控制接口简单,可用性较好。

对于 FPGA 中的关键信号,包括关键的控制信号、状态机、状态寄存器等,可以采用三模冗余的设计方法。对于 FPGA 与其他主要处理器的接口,可以采用超时处理的机制。

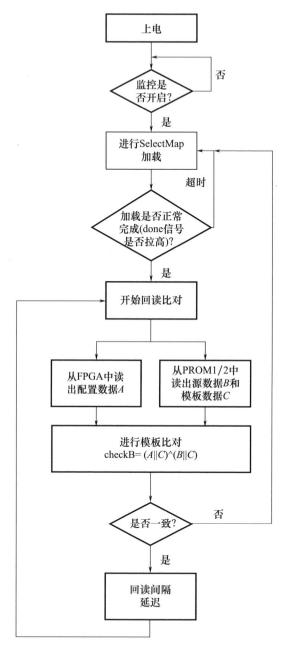

图 5-32 反熔丝 FPGA 工作流程

5.5.3.2 DSP 设计容错和故障恢复方案

高性能 DSP 内的执行单元不受单粒子影响,可靠性较高,但其数据/程序存储区、各种控制寄存器、Cache 等基于 SRAM 结构的存储器易受单粒子的影响,需要采用软件加固设计。主要设计方法如下。

(1) 长时间存在的关键变量的处理:这些变量关系到 DSP 运行程序的总体进程,发生单粒子翻转的概率比一些临时局部变量大的多,对于这些变量主要采用简单有效的"三倍冗余"设计方法,即采用三套变量进行同时运算[12]。

(2) 程序区检错:程序存储区以检错为主,如果发现程序存储区出现错误,通过外部监控模块对 DSP 程序进行重新引导。

(3) 定时刷新控制寄存器:控制寄存器主要包括一些中断、增强型直接内存访问(Enhanced Direct Memory Access,EDMA)、通用输入输出(General Purpose I/O, GPIO)、多通道缓冲串行口(Multichannel Buffered Serial Port, McBSP)等控制寄存器,这些寄存器的配置数值会影响 DSP 与其他部件的通信状态。对这类寄存器的处理方法是定时刷新,也就是说在合适的时候对此类寄存器进行重新写入操作[13]。

(4) 接口上所有标志位等待加上超时控制。

(5) 对外部输入的各种辅助数据进行合理性判断,防止运算过程出现非法数。

5.6 在轨实时处理系统构建

5.6.1 在轨实时处理系统设计方法

5.6.1.1 在轨实时处理系统设计工作流程

在轨实时处理系统设计分为 4 个步骤。

1) 确定算法

针对系统任务需求,开发或者选择合适的在轨处理算法,这是关键的一步。算法既要满足精度要求,又要适合嵌入式实时处理环境,尽量精简。例如,针对大视场、小目标检测,传统的图像处理方法与深度学习方法都可以实现,但前者虚警率高、运算量小,后者则准确率高、运算量大,那就要通过评估系统要求和约束边界进行选择。当然也可以将两者结合,先利用传统方法进行粗提取,再利用卷积神经网络进行虚警剔除,实现较高精度指标和较小运算量。

2) 选择合适的处理器,评估系统规模

合适的处理器选择涉及 4 个方面:

(1) 不同处理器具有不同的运算特点,针对算法运算类型选择适合的处理器。

(2) 需要考虑处理器的处理能力和 I/O 能力。

(3) 根据处理器所处的空间环境和使用寿命选择合适器件,其中:低轨短寿命的卫星可以考虑采用低等级器件;而高轨长寿命卫星就必须考虑采用宇航级器件。

(4) 尽管当前航天开发成本很高,但一些小卫星对成本越来越敏感,在保证所需可靠性的同时,要考虑如何降低成本。

3) 系统方案设计

确定适合的软、硬件平台及架构,并在此基础上进行系统的硬件和软件设计。

4) 系统研制和验证

完成电装、测试、试验、联试等工作,形成最终产品。

5.6.1.2 在轨实时处理系统实时性评估方法

在本书中,实时处理是指在轨信息处理平台对现场数据在其发生的实际时间内完成收集和处理的过程。延迟是指从首个输入数据进入处理系统开始,到首个结果输出位置之间的时间间隔。

系统处理过程可划分为多个步骤,可将其视为流水线处理过程。如果要满足实时处理需求,则需要评估每个步骤的耗时。以星载 SAR 在轨处理器为例,其处理功能包括 SAR 成像处理、几何校正处理、目标检测处理,具体包含 4 个阶段:①数据输入及数据预处理;②SAR 成像处理;③几何校正;④目标检测处理。

将整个处理系统拆分为图 5-33 所示的流水结构图,具体解释如下:

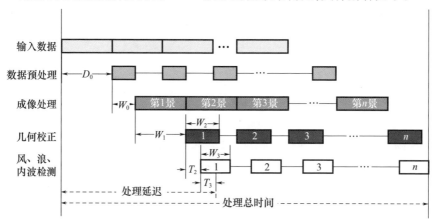

图 5-33 系统处理流水结构图

首先,数据输入后先进行缓存,待存满一景数据后从缓存中读取该景数据进行预处理;然后,再送给数据处理模块进行成像处理,成像结果在进行几何校正后进行目标检测处理。整个处理系统分为4级流水:第一级流水为数据输入以及预处理;第二级流水为成像处理;第三级流水为几何校正处理;第四级流水为目标检测处理。

这里 D_0 为第一景数据输入时间;W_0 为第一景数据预处理时间;W_1 为一景数据成像时间;由于几何校正是分块处理的,T_2 为第一块几何校正处理时间,W_2 为一景几何校正处理总时间;目标检测也是按块处理的,T_3 为第一块处理时间,W_3 为一景图处理总时间。综上,要满足系统处理延时指标,即 $D_0 + W_0 + W_1 + T_2 + T_3 <$ 处理延迟上限。

5.6.2 典型在轨实时处理系统示例

5.6.2.1 光学卫星在轨区域处理系统

1) 系统功能要求

(1) 原始图像接收功能:接收卫星高分辨率相机的全色数据,并可根据地面指令启动实时处理流程,按需进行图像区域的实时提取。

(2) 二级图像产品生成:完成对提取的热点区域进行相对辐射校正、电荷耦合元件(Charge Coupled Device,CCD)拼接以及系统级几何校正处理,并最终输出星上处理后的二级图像产品。

(3) 几何校正参数上注接收:具有接收和处理地面上传的几何内方位元素检校数据的能力,以保证几何校正精度。

(4) 辐射校正参数上注接收:具有接收地面上行注入线性 A/B 值辐射校正参数并完成在轨辐射校正处理的能力。

(5) 总线通信功能:通过1553B总线接收整星的定轨数据、定姿数据用于区域提取及预处理计算。

(6) 二级图像产品输出功能:输出的图像处理结果不再拆分不同 CCD 输出,按照处理完成的二级图像格式行列顺序输出。

(7) 程序上注及加载功能:单机具备在轨程序上注及加载功能,满足按需选择实时处理方法的应用要求。

2) 系统组成

系统由一块 I/O 板、两块处理板组成,如图 5-34 所示。数据由 I/O 板接入并进行缓存,在数据输入的同时进行实时的数据位置计算,并与用户所需区域位置经纬度进行比较,提取所对应的数据。将提取的数据分发到处理板1、处理板2进行辐射和几何校正处理。处理后的数据再汇总到输出 FPGA,进行拼接后输出。

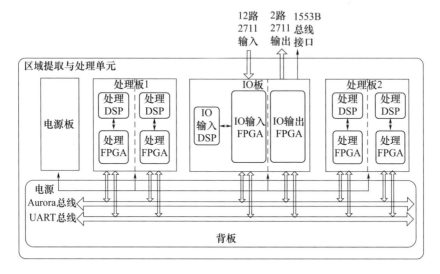

图 5-34 区域提取单机硬件系统组成框图

3) 处理系统实物及测试结果

光学卫星在轨区域处理系统样机爆炸图和实物图如图 5-35 所示。

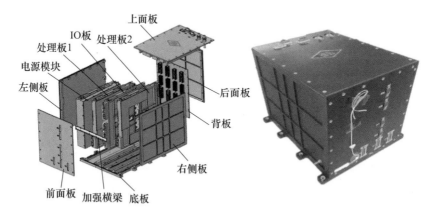

图 5-35 光学卫星在轨区域处理系统样机爆炸图和实物图

实时区域提取和处理结果如图 5-36 所示。

5.6.2.2 SAR 卫星在轨成像与目标检测系统

1) 系统功能要求

(1) 具备实时接收 SAR 载荷输出的原始回波数据能力。

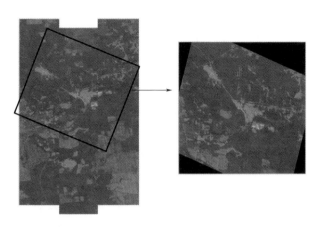

图 5-36 实时区域提取和处理结果

(2)区域处理功能:根据地面指令完成指定经纬度区域回波数据的提取,进行条带/扫描模式成像处理、相对辐射校正和几何校正处理,并将星上处理后的指定区域图像产品下传。

(3)水体监测功能:根据地面指令完成指定经纬度区域回波数据的提取,进行单极化条带/扫描模式成像处理、双极化条带/扫描模式成像处理、相对辐射校正和几何校正处理,在此基础上完成水域的检测,可以选择将检测结果和指定区域 SAR 图像进行下传,或者只将检测结果进行下传。

(4)溢油监测功能:根据地面指令完成指定经纬度区域回波数据的提取,进行单极化条带/扫描模式成像处理、双极化条带/扫描模式成像处理、相对辐射校正和几何校正处理,在此基础上完成溢油目标的检测,可以选择将检测结果和指定区域 SAR 图像进行下传,或者只将检测结果进行下传。

(5)星上遥控遥测功能:通过 CAN 总线进行系统的工作模式等配置,并通过遥测通道实时下传遥测信息。

(6)关键参数上注接收:具有接收和处理地面上传的成像、检测、相对辐射校正、几何校正等参数的能力,以保证星上实时处理精度。

(7)程序上注及加载功能:单机具备在轨程序上注修改及加载功能,满足按需选择实时处理方法的应用要求。

2)系统组成

SAR 卫星在轨成像与目标检测系统由 1 块电源板、1 块 I/O 主控板、3 块成像检测板、1 块测控板和 1 块底板共 7 块板卡组成,如图 5-37 所示。处理板采用 SoC 芯片 + FPGA + DSP 的处理架构,板载大容量 DDR 用于高速缓存。单机内部板间通过内总线的 RocketIO 接口完成吉比特级的高速通信,单机外部与星务分系统采用 CAN 总线进行数据通信,与数据分路器及数传分系统采用低压差分信号技术接口(Low Voltage Differential Signaling,LVDS)进行数据通信。

为了提高整机的可靠性,I/O 主控板和测控板在单板实现冷备份,3 块成像检测板可通过软件配置实现备份功能,电源板也相应进行了备份处理,减少了系统单点,系统可靠性得到显著提高。

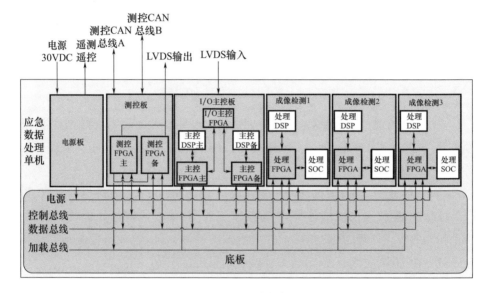

图 5-37 系统拓扑图

I/O 主控板、测控板、成像检测板、底板、电源板的主要功能如下。

(1)I/O 主控板主要功能包括:①实现原始输入数据的预处理、缓存与分发;②对原始回波数据进行定位解算,实现区域提取功能;③接收测控板转发的遥控指令并返回遥测信息。

(2)测控板主要功能包括:①实现成像数据、检测结果的缓存与输出;②接收 CAN 总线的遥控、遥测指令并返回遥测信息;③收集其他板卡的遥测数据;④对处理板的 FPGA Q5 进行重加载配置;⑤接收上注数据和上注程序。

(3)成像检测板主要功能包括:①接收 I/O 主控板分发的原始数据,并实时进行 SAR 成像处理;②对 SAR 成像后的图像进行相对辐射校正;③对相对辐射校正之后的图像进行几何校正处理;④进行水域/溢油目标检测与定位解算;⑤接收测控板转发的遥控指令并返回遥测信息。

(4)底板主要功能包括:①实现 I/O 主控板、测控板、成像检测板之间的数据链路互联与隔离;②实现 I/O 主控板、测控板、成像检测板和电源板的结构固定。

(5)电源板主要功能是为测控板、I/O 主控板与成像检测板提供电源。

3)工作模式

(1)区域处理模式。

为满足重点区域图像快速获取需求,SAR 卫星在轨成像与目标检测系统实时接收数据分路器发送的一路原始回波数据,根据地面指定经纬度信息提取相关区域数据,星上完成成像处理、相对辐射校正、几何校正处理,并将星上处理后的指定区域图像通过数传分系统进行下传。区域处理模式的功能框图如图 5-38 所示。

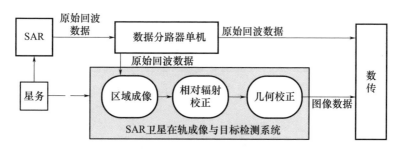

图 5-38　区域处理模式功能框图

(2)水体监测模式。

为满足水体区域图像快速获取需求,SAR 卫星在轨成像与目标检测系统实时接收数据分路器发送的一路原始回波数据,根据地面指定经纬度信息,提取相关区域数据,星上完成成像处理、相对辐射校正和几何校正处理,在此基础上完成水域目标检测,将检测结果和指定区域 SAR 图像通过数传分系统下传,或者只将检测结果通过数传分系统下传。水体监测模式的功能框图如图 5-39 所示。

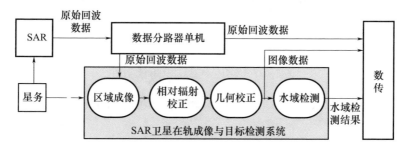

图 5-39　水体监测模式功能框图

(3)溢油监测模式。

为满足溢油区域图像快速获取需求,SAR 卫星在轨成像与目标检测系统实时接收数据分路器发送的一路原始回波数据,根据地面指定经纬度信息,提取相关区域数据,星上完成实时成像处理(包括相对辐射校正)和几何校正处理,在此基础上完成溢油目标检测,可以选择将检测结果和指定区域 SAR 图像通过数传分系统下传,或者只将检测结果通过数传分系统下传。溢油监测模式的功能框图如图 5 – 40 所示。

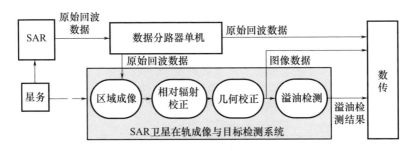

图 5 – 40　溢油监测模式功能框图

4)处理系统实物及测试结果

SAR 卫星在轨成像与目标检测系统样机爆炸图和实物图如图 5 – 41 所示。

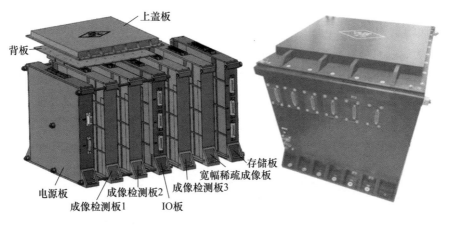

图 5 – 41　系统样机爆炸图和实物图

条带模式点目标处理结果及水域检测处理结果分别如图 5 – 42 和图 5 – 43 所示。

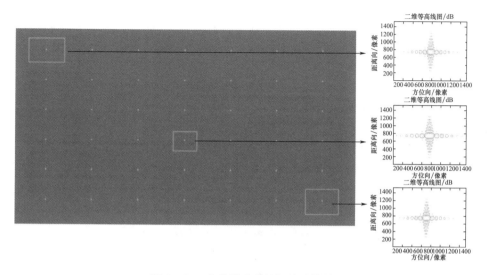

图 5-42　条带模式点目标处理结果

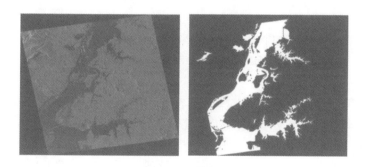

图 5-43　水域检测处理结果

5.7　小结

本章针对在轨成像处理实时处理平台架构和系统构建进行了详细阐述。通过算法需求分析，以及针对在轨各种条件约束，提出在轨实时处理平台的需求为通用化、开放式、可扩展、可重构。针对上述需求，在分析目前各种处理架构基础上，提出了基于双冗余交换的实时处理架构，以满足在轨处理的多种需求。同时，论述了在轨处理软件的快速高效设计思路，包括针对 DSP 处理器的层次化、开放式架构，以及针对 FPGA 开发的基于存储映射的开发思路和软件框架，并从系统层、模块层、逻辑层对系统化的设计方法进行了论述。最后基于上述架构,介绍了在轨实时处理系统的具体设计方法,包括设计流程和实时性评估的方法,并给出了两种典型的在轨处理样机的系统组成、工作模式和测试验证情况。

参考文献

［1］ 王新模. VME 总线控制器开发［D］. 武汉:华中科技大学,2011.

［2］ 徐亮. GPIB – VXI 零槽资源管理器研究［D］. 成都:电子科技大学,2001.

［3］ Sirisha E M T, Sridevi T, Murthy D T. Process Disturbance Analyzer for Nuclear Reactors［C］// Proceedings of the 2014 27th International Conference on VLSI Design and 2014 13th International Conference on Embedded Systems. 2014(40):192 – 197.

［4］ 百度百科"CompactPCI"词条［EB/OL］.（2022 – 07 – 13）［2023 – 05 – 30］. https://baike.baidu.com/item/CompactPCI/5320206#%E7%AE%80%E4%BB%8B.

［5］ 薛国凤. 用于星载计算机的 CompactPCI 总线技术的研究［D］. 北京:中国科学院研究生院(空间科学与应用研究中心),2010.

［6］ ANSI/VITA 65 – 2010, OpenVPX System Specification［S］. US：VITA, 2010.

［7］ 冯洋. OpenVPX 高性能雷达实时信号处理系统的设计与实现［D］. 北京:北京理工大学,2015.

［8］ 百度百科"并行处理计算机系统"词条［EB/OL］.（2022 – 11 – 24）［2023 – 02 – 19］. https://baike.baidu.com/item/并行处理计算机系统/1114338.

［9］ 李炳沂. 星载 SAR 实时成像处理可重构技术研究［D］. 北京:北京理工大学,2019.

［10］ 刘小宁. 星上 SAR 实时成像处理关键技术研究［D］. 北京:北京理工大学,2016.

［11］ 何剑涛. 星载流水并行任务的故障恢复技术研究［D］. 长沙:国防科学技术大学,2013.

［12］ 杨柱. 在轨遥感数据实时处理关键技术研究［D］. 北京:北京理工大学,2018.

［13］ 邢克飞,张传胜,王京,等. 数字信号处理器抗辐射设计技术研究［J］. 应用基础与工程科学学报,2006(04):572 – 578.

［14］ Xu Ming, Chen Liang, Shi Hao, et al. FPGA – Based Implementation of Ship Detection for Satellite On – Board Processing［J］. IEEE Journal of Selected Topics in Applied Earth Observations and Remote Sensing, 2022, 15: 9733 – 9745.

［15］ Schwank R S, Shaneyfelt M R, Dodd P E. Radiation Hardness Assurance Testing of Microelectronic Devices and Integrated Circuits：Radiation Environments, Physical Mechanisms, and Foundations for Hardness Assurance［J］. IEEE Transactions on Nuclear Science, 2013, 60(4):2074 – 2100.

[16] Berg M, LaBel K. Introduction to FPGA Devices and The Challenges for Critical Application – A User's Perspective[C]. Hardened Electronics and Radiation Technology (HEART) 2015 Conference, Chantilly, VA, USA, Apr. 2015.

[17] Wirthlin M. High – Reliability FPGA – Based Systems: Space, High – Energy Physics, and Beyond[J]. Proceedings of the IEEE, 2015,103(3):379 – 389.

[18] Jacobs A, Cieslewski G, George A D, et al. Reconfigurable Fault Tolerance: A Comprehensive Framework for Reliable and Adaptive FPGA – Based Space Computing[J]. ACM Trans. Reconfigurable Technol. Syst., 2012,5(4):1 – 30.

[19] Aviziens A. Fault – Tolerant Systems[J]. IEEE Transactions on Computersvol,1976,C – 25 (12):1304 – 1312.

[20] 朱贾峰,等. 空间站环境 COTS 器件容错技术综述[EB/OL]. (2015 – 09 – 01)[2023 – 05 – 30]. http://www.cmse.gov.cn/art/2015/9/1/art_887_19687.html.

第6章
总结与展望

空间信息技术是国家战略性新兴产业的重要基础和技术支撑。随着我国遥感卫星向高分辨率、宽覆盖、多星组网方向发展，所获取的遥感数据呈几何级数增长，对于星上数据的传输、存储、处理等都带来了严峻的考验。在轨实时处理技术是解决上述问题的有效手段。基于该技术，可根据用户需求，在星上完成传感器所获取数据的SAR成像、目标检测识别、感兴趣区域提取等处理，获得的少量结果（原始数据的1‰~1%）可通过广播等快速链路直接传输给最终用户，使有效信息获取延迟从小时级缩短到分钟级，从而大幅提升我国遥感卫星在应急减灾、国家安全等领域的应用效能。

未来航天遥感系统发展的目标是形成天地一体化、多任务协同、智能化的天基信息网，从而具备为国家安全、减灾应急、国土资源、海洋应用等各领域提供全域、全天时、全天候、全覆盖、无间断的关键信息服务能力。在轨实时处理技术是实现上述目标的核心技术。

本书从在轨处理系统所涉及的算法、平台、芯片三个方面总结了当前的已有成果。具体包括：①微波成像卫星在轨处理方法。针对星载SAR卫星多种模式的在轨成像处理方法，以及基于SAR数据的在轨静止/动目标检测方法进行了论述。②光学成像卫星在轨处理方法。针对光学遥感数据的成像特点和图像特征，较为系统地阐述了光学遥感在轨应用中的预处理、在轨图像压缩与质量评价、在轨目标检测等关键技术。③在轨遥感数据处理芯片设计。针对星载SAR在轨成像处理、在轨图像目标检测处理等需求，对在轨SAR成像处理芯片进行设计。④在轨成像遥感数据实时处理平台架构。针对在轨遥感数据实时处理标准化/可扩展/可重构的软硬件平台设计、系统空间环境防护等方面进行了论述，以有效支持型号项目的研制。

当前面向新一代卫星系统智能化、自主化发展需求，仍需对在轨实时处理系统持续开展深入研究。

在轨处理算法方面，以深度学习为代表的智能化处理方法已经在地面图像处理中得到应用，但受在轨严格资源约束，需不断开展新型轻量化网络的研究，在保证效果的同时，大幅降低运算量和参数量。

（1）针对遥感图像多变，不同成像条件、不同载荷获取的图像不同，需进一步研究提升算法的泛化性以及实际复杂场景应用中的性能。

（2）由于遥感图像中所关注的目标样本量小，因此小样本技术是需要不断研究突破的难点。

（3）针对在轨处理存在的资源受限下多种任务处理需求，需开展在轨智能化多任务可配置深度学习网络框架研究，示意图如图6-1所示，针对目标检测识别、地物分类、变化检测等多功能设计统一的算法框架和通用化算法模块。

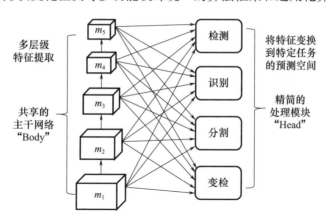

图 6-1 多任务处理算法框架图

在轨处理芯片方面，由于天基载荷分辨率、幅宽性能不断提升，数据率仍在不断增长，当前已经从 10Gbit/s 量级提升到 100Gbit/s 量级。针对数据量的剧增以及大模型处理算法的应用，对处理器件的处理能力、I/O 能力提出了新要求。

（1）深入研究低延迟、高带宽立体芯片架构，如图6-2所示，存储资源和计算资源分布在不同维度上，通过三维片上网络（Network-on-Chip，NoC）实现三维堆叠芯片的互连通信，突破现有传统芯片二维架构存在的瓶颈。

（2）研究在工艺尺寸不断减小的情况下，保证芯片可靠性的设计方法。

（3）针对深度学习等智能化新算法，研究开发专用的抗辐照、高性能、智能化的处理芯片。

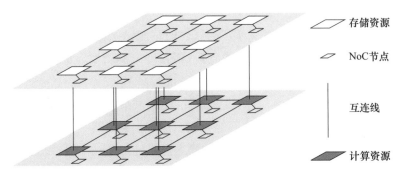

图 6-2　三维芯片架构

（4）在电子性能已经发展到接近极限的情况下,探寻光子处理的新技术,例如硅基光处理技术,从而针对一些特定需求,实现高性能、低功耗的处理性能。光处理示意图如图 6-3 所示,数字信号可经数模转换器转换为模拟电压后,转换为光信号进行传输和运算,最后再由光信号转换为电信号输出。

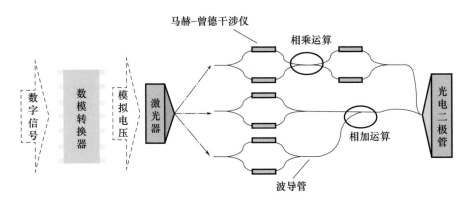

图 6-3　光处理示意图

在轨处理平台方面,针对多星分布式处理资源联合应用的需求,开展基于天基环境的算力资源架构研究,解决在空间环境恶劣、星间网络动态变化环境下,在轨边缘计算与云计算结合的系统架构方案、天基资源最优组合等难题。首先,每颗卫星本身需要具备运算能力,以减少数据量并实现星间高效信息交互;其次,构建具有云计算功能的卫星簇,为一些复杂计算提供集中高性能运算平台。再次,以天基互联网为基础,形成一种公用的计算平台,可满足多种在轨处理运算资源需求。天基云+端处理架构示意图如图 6-4 所示。

总之,智能化、自主化是遥感卫星必然的发展方向,而在轨实时处理技术将

图 6-4　天基云+端处理架构示意图

是推动航天遥感向上述方向发展的新动力。基于在轨处理技术,可有效提升我国遥感卫星应用效能,推动我国"互联网+天基信息应用"不断发展。面向政府部门业务管理和社会服务需求,支持智慧城市、智慧海洋等的卫星综合应用,并支持防灾减灾、应急、海洋等领域高时效观测应用;面向普通百姓用户直接提供高效遥感信息数据,实现卫星信息天地直链,推动航天遥感相关产业链和商业模式发展。

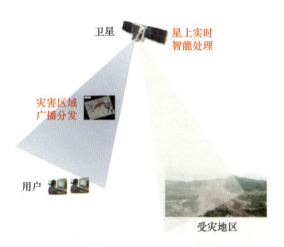

图1-2 基于在轨实时处理技术的主要数据获取链路

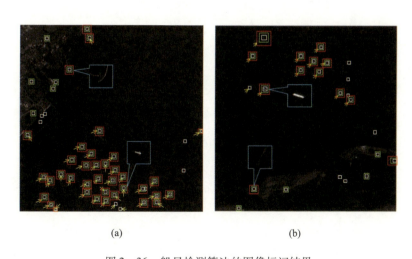

图2-36 船只检测算法的图像标记结果
(a)近岸密集船只群检测结果;(b)远岸船只检测结果。

彩插 1

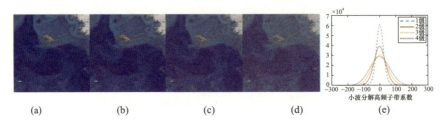

图3-3 不同噪声程度遥感图像的小波分解高频子带系数分布示意图

(a)遥感图像噪声程度1级,噪声方差为0.015;(b)遥感图像噪声程度2级,噪声方差为0.050;
(c)遥感图像噪声程度3级,噪声方差为0.130;(d)遥感图像噪声程度4级,噪声方差为0.305;
(e)对应图(a)~(d)的小波分解高频子带系数分布图。

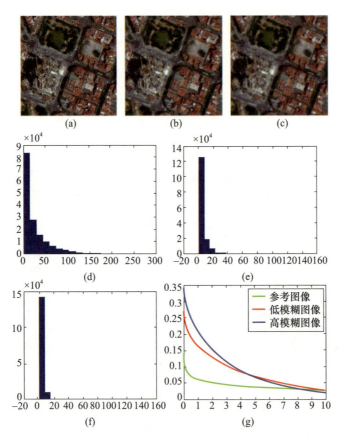

图3-5 遥感模糊图像梯度幅值分布及威布尔拟合结果

(a)原始伪彩色遥感图像;(b)加入高斯模糊的伪彩色遥感图像,高斯模糊核大小为10;(c)加入高斯模糊的伪彩色遥感图像,高斯模糊核大小为35;(d)对应图(a)的梯度直方图分布;(e)对应图(b)的梯度直方图分布;(f)对应图(c)的梯度直方图分布;(g)对应图(a)~(c)的梯度威布尔拟合结果。

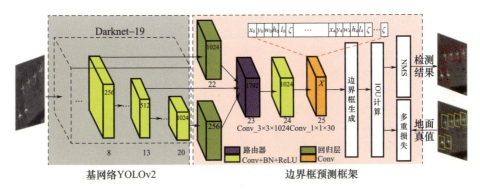

图 3-30 复杂条件下泛化深度识别网络架构

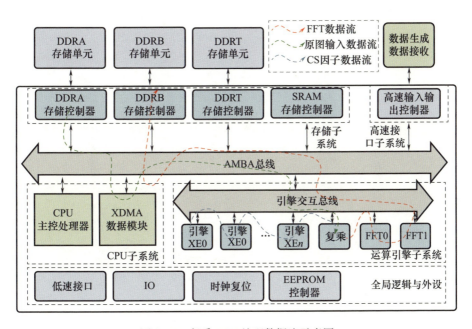

图 4-2 复乘/FFT 处理数据流示意图

彩插 3

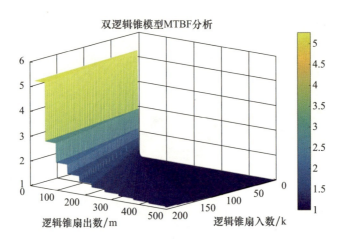

图 4-32 双逻辑锥模型的 MTBF 仿真结果

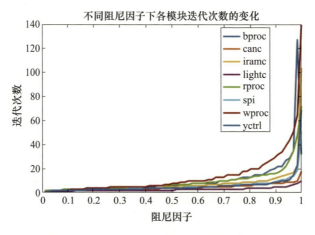

图 4-42 阻尼因子和迭代次数的关系曲线

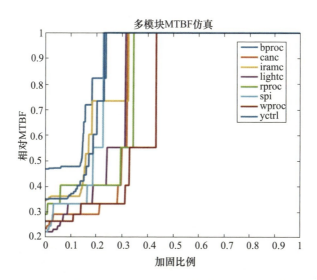

图 4-43 电路模块 MTBF 与三模冗余加固比例的关系

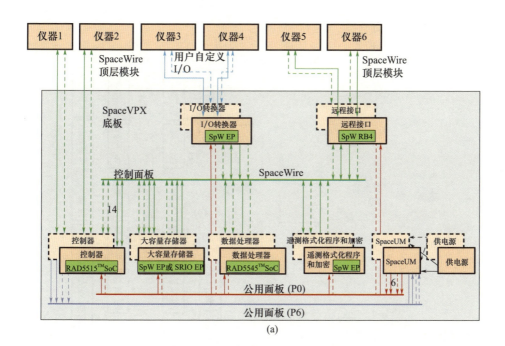

(a)

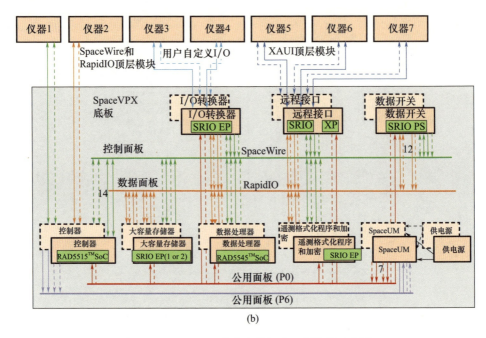

图 5-7 SpaceVPX 兼容多种标准互联协议示意图

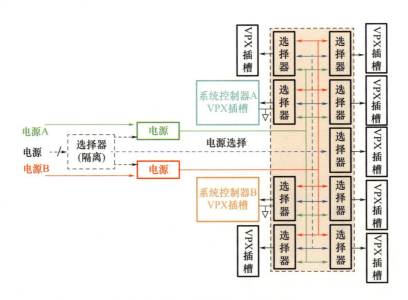

图 5-8 SpaceUM 模块供电示意图

彩插 6

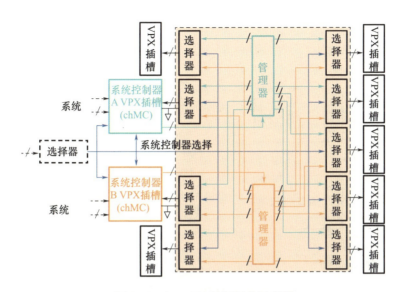

图 5-9　SpaceUM 控制切换示意图

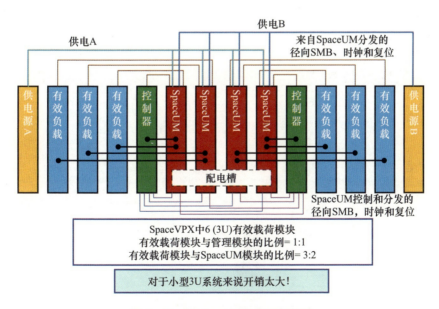

图 5-10　3U SpaceVPX 系统架构图

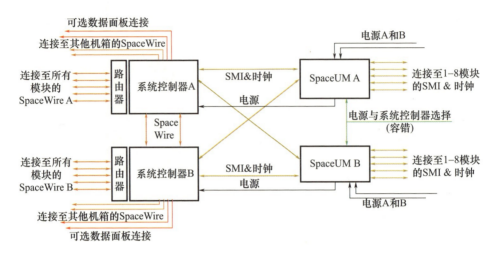

图 5-11 SpaceUM 模块供电和控制示意图

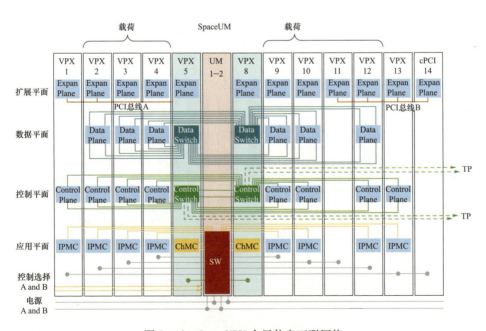

图 5-12 SpaceVPX 全局信息互联网络